业务数据分析

五招破解业务难题

程靖◎著

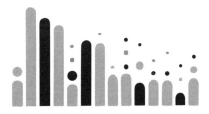

电子工业出版社·

Publishing House of Electronics Industry

北京·BEIJING

内 容 简 介

本书专注于互联网业务的数据分析，不是只讲解枯燥的理论和公式，而是通过一系列生动的案例和故事，让读者在轻松的氛围中掌握数据分析的精髓。

本书主要内容包括数据分析在职场中的作用、数据分析的具体步骤，以及互联网业务数据分析案例，让读者能将所学知识运用到真实的场景中，真正改善业务流程、提升业务能力。

数据分析并不简单，它要求我们具有批判性思维，不断质疑和验证。在本书中，我们将一起学习如何提出正确的问题、如何设计合理的实验，以及如何解读数据背后的含义。我们要学会在数据的海洋中找到真正的灯塔，而不是被错误的信号所迷惑。

图书在版编目（CIP）数据

业务数据分析：五招破解业务难题 / 程靖著.

北京：电子工业出版社，2025. 4. -- ISBN 978-7-121
-49960-9

Ⅰ. TP274

中国国家版本馆 CIP 数据核字第 2025AP8885 号

责任编辑：王 静   特约编辑：田学清
印   刷：三河市鑫金马印装有限公司
装   订：三河市鑫金马印装有限公司
出版发行：电子工业出版社
         北京市海淀区万寿路 173 信箱   邮编：100036
开   本：720×1000   1/16   印张：12   字数：221 千字
版   次：2025 年 4 月第 1 版
印   次：2025 年 4 月第 1 次印刷
定   价：89.00 元

凡所购买电子工业出版社图书有缺损问题，请向购买书店调换。若书店售缺，请与本社发行部联系，联系及邮购电话：（010）88254888，88258888。

质量投诉请发邮件至 zlts@phei.com.cn，盗版侵权举报请发邮件至 dbqq@phei.com.cn。

本书咨询联系方式：faq@phei.com.cn。

前言

亲爱的读者，当你翻开这本书时，你便踏上一段充满趣味的旅程。一路上，你将学会如何将看似杂乱无章的数据，转化为解决实际问题的"利器"。随着逐步深入学习，你会发现数据分析并不是什么高深莫测的魔法，而是一门艺术——一种将混乱变为有序，合理应对不确定性的艺术。这本书就像指南针，带领你穿越数据的迷雾森林。

在当前这个信息爆炸的时代，中国的互联网行业经过多年的发展，已经从充满机会的蛮荒之地，变成了竞争激烈的"战场"。互联网企业的成长方式也从野蛮生长转向精细化运营。这些企业每天都在产生海量的数据：从用户购物到社交互动，从企业交易到城市交通。而数据分析正是支撑这一转变的关键"武器"。它早已不再是简单的数据收集，而是成了深度洞察和决策支持的基础。数据分析就像一个探测器，帮助你在复杂的市场环境中发现隐藏的机会，抢占先机、找准方向，在应对挑战中找到出路。

本书不是只讲解枯燥的理论和公式，而是通过一系列生动的案例和故事，让你在轻松的氛围中掌握数据分析的精髓。你会看到一位刚毕业的大学生如何借助数据分析在公司中脱颖而出，知晓一款外卖软件如何通过数据分析每天高效送出数千万份外卖，以及了解互联网公司如何利用数据分析将一个不起眼的项目转变为重要的收入来源。

当了解这一切之后，你会发现，数据分析不仅仅是冰冷的数字和图表，其背后还有丰富的故事和深刻的洞察力。它关乎人性，关乎决策，关乎创新，也关乎每一个想要在这个数据驱动时代中获得成功的人。

不过，数据分析并不简单，它要求我们具有批判性思维，不断质疑和验证。在本书中，你将学习如何提出正确的问题，如何设计合理的实验，以及如何解读数据背后的含义。你要学会在数据的海洋中找到真正的灯塔，而不是被错误的信号所迷惑。

本书语言轻松幽默，因为学习应该是一件愉快的事情。希望你在阅读本书时，就像在读一本小说：充满好奇和兴趣。当读完本书后，你也要明白数据分析不仅是一项技能，还是一种思维方式。它教会你从不同的角度看待问题，学会用数据说话、用数据决策。在这个数据驱动的时代，数据分析能力将是你最宝贵的财富之一。

所以，你准备好了吗？快翻开这本书，开启你的数据分析旅程吧！接下来，你会遇到挑战，也会获得知识；会有困惑，也会收获洞察力。而最重要的是，你会遇见更好的自己。

现在，深吸一口气，迈出第一步。记住，这不仅是一段学习之旅，还是一段探索之旅——去发现数据的力量，去探寻商业的秘密，去发掘你自己的潜力。

欢迎来到数据分析的世界，尽情探索吧！

作　者

目 录

第 1 篇　数据分析基础篇

第 2 篇　数据分析实例篇

第 1 篇
数据分析基础篇

第 **1** 章

数据分析：
职场人的强大武器

1.1 数据分析能更有说服力

2011 年，我大学毕业后加入了百度。然而，入职的第一周，我的主管并未分配任何具体的任务给我。相反，我收到了一封关于新员工培训的邮件，人力资源主管还特别强调这个为期一周的培训是必须参加的，新员工不得以工作繁忙为由请假。

于是，我刚从大学的教室走出来，紧接着又走进了公司的培训"教室"。培训的规格很高，强度很大，内容涵盖了公司文化、制度介绍和技能培训等多方面。

说实话，我觉得这个培训安排得非常合理。对一个新员工来说，一周的时间并不足以完成大量的工作任务，但通过培训则可以大大加快适应公司环境的速度。

在众多培训课程中，我印象最深刻的是最后一堂课。那是一个阳光明媚的午后，我在那堂课上听到了一个让我记忆犹新的故事。

在培训的最后一堂课上，有一个名为"学长学姐面对面"的环节（百度员工通常互称为"同学"）。在这个环节中，一位公司合伙人扮演"学长学姐"，与大家进行交流。有一位"同学"提出了这样一个问题：互联网行业的员工需要重点学习哪些技能？针对这个看似普通的问题，这位公司合伙人给我们讲了一个令人印象深刻的故事。

故事内容如下。

就在上个月，公司需要在 3 位候选人中选出一位管理者，候选人需要分别表述他们所在小组参与的项目及现状。

（1）候选人 A：我参与了数字化考勤项目，我们主要为客户的 HR 部门提供服务，以提高他们的工作效率。客户对我们的产品评价非常高，每次会面时其都会称赞我们的产品。

（2）候选人 B：我参与了数字化考勤项目，我们为客户开发了人脸识别打卡系统，让客户节省了大量的人力资源成本。此外，还有很多其他客户也对我们的产品表现出浓厚的兴趣。

（3）候选人 C：我参与了数字化考勤项目，我们开发的产品使客户每月能够节省 5000 元的人力资源成本。目前，有大约 2400 位潜在客户尚未选择我们的产品。

这 3 位候选人的表述方式各有特色，反映了不同的思维方式。

- 候选人 A 强调了客户的感受。
- 候选人 B 列举了成功的案例。
- 候选人 C 采用了数据分析的方式。

这 3 种表述方式各有优劣，但最终的结果是候选人 C 胜出。

因为数据分析是这 3 种表达方式中最清晰、最容易让大家达成共识的方式。

候选人 A 强调了客户的感受，但感受很难量化。不同的人对同一种事物的感受可能截然不同，甚至同一个人在不同时间内对同一种事物也会产生不同的感受。情绪波动会影响决策的稳定性，这是公司不希望看到的。

候选人 B 列举了成功案例，但复制案例也存在一个风险性问题，即案例的可复制性存疑。客户的情况和需求千差万别，成功案例的复制并不容易。反对者可以从各种角度对案例的可复制性提出质疑。

候选人 C 采用了数据分析的方式。数据提供一个客观的视角，使公司所有人在相同的标准下讨论并评估产品。5000 元的人力资源成本不会因个人情感或观点的改变而改变。2400 位潜在客户最终都可能付费购买相同的产品，最终成功率也是通过数据来衡量的。

综上所述，数据分析的表述方式在这 3 种表述方式中具有明显的优势。它最大限度地消除了不同人对事物理解的差异，使团队迅速达成共识。特别是在公司规模扩大的情况下，数据分析的优势和作用更加显著。

因为人的精力是有限的，所以认知会有局限性。

业界普遍认为，一人管理 7 人最佳，最多可管理 150 人。然而，在大型企业中，员工数量常常达到数万人，甚至在互联网巨头公司，员工数量可能超过 10 万人。

在这种规模下，如果我们不借助数据分析，让团队迅速达成共识，那么做决策的速度将大大受到影响。无论是办公用品的采购还是公司战略的制定，都会引发激烈的争论。因此，数据分析成为解决分歧的高效工具。

合伙人的故事讲完了，有些人思考良久，有些人则保持沉默。尽管当时我并没有完全理解，但我将这个故事牢记于心。

1.2　数据分析能提升企业的效率

后来，我又换了好几家公司，参加了无数的培训，同时也开始着手培训他人。

每当遇到困境的时候，我都会不自觉地思考：我到底在纠结什么问题？是受感情影响，还是只关注个别案例？数据分析能否帮助我摆脱困境？

直到我加入了美团外卖，我才完全理解那位前辈当年所讲的故事。2021 年，美团外卖作为中国最大的外卖 App 之一，每天需要送出约 4000 万份外卖，这个数字甚至超过了某些国家的总人口数。

美团外卖借助数据分析，可以将这 4000 万份外卖订单按照地域，先拆分至每个城市，再拆分至每个商圈，最终分解至每栋办公楼，甚至每个小区。美团外卖可以根据这 4000 万份外卖订单的任务分解确定每个区域需要招聘多少位外卖骑手，每位外卖骑手每天需要配送多少份外卖，以及需要跑多少千米。

更重要的是，数据分析不仅适用于美团的 CEO，还适用于每一位外卖骑手。他们可以基于相同的标准进行目标的设定和交流。

当团队都朝着相同的目标努力时，企业才能更好地了解现状，有信心地制订计划并完成任务。

如果 CEO 离开了数据分析去管理上百万位外卖骑手，恐将举步维艰。

这是因为，不同的人对同一份外卖订单的看法和重视程度可能是不一样的，他们对特定的某一份外卖订单的目标、衡量标准、计划却可能是一致的。

数据是大型企业管理经营中最为关键的要素之一。

数据分析是大型企业管理经营不可或缺的核心能力。

对企业员工来说，数据分析已经变得非常重要，它能够使其更加熟练地处理工作，起到事半功倍的效果。在企业中，懂得数据分析的员工和不懂数据分析的员工之间无论是在完成业绩、薪资对比还是在晋升机会方面都存在着显著的差距。

我的故事已经讲完了。接下来，我们将深入探讨一些案例，通过这些真实的案例感受数据分析的魅力。

1.3　数据分析能提升项目的成功率

2011 年，团购这个概念在中国开始兴起。

一夜之间，无数团购公司应时而生。团购市场展开了一场激烈的竞争，竞争达到顶峰时，市场上出现了上百家团购公司，这一混乱而激烈的局面被媒体称为"百团大战"。

在"百团大战"中，有 3 家知名的团购公司，它们分别是拉手网、大众点评和美团。其都将用户营销视为最关键的竞争领域。

这 3 家团购公司之所以将用户营销视为最关键的竞争领域，是因为其需要快速看到回报。谁能够迅速扩大用户规模，谁就更有望获得新一轮的融资，从而在竞争激烈的市场中生存下来。

在这个竞争领域，不少团购公司投入了大量精力，想方设法吸引用户访问自己的网站或 App 并进行消费。而在这场激烈的竞争中，美团的决策层做出了一个关键性的决策：将主要精力集中在渠道选择上。

原因很简单：高效的渠道意味着显著的营销效果。如果竞争对手需要花费 20 元才能获得一个新用户，而美团只需花费 10 元，那么在双方融资水平相近的情况下，美团将占据优势，更易获得投资者的青睐。

美团的决策层通过向多方咨询和深思熟虑，制定了以下两种方案。

- 不向商家投放线上广告，而是组建一支出色的线下销售团队。
- 线下销售团队不与消费者接触，而是通过线上与消费者进行高效接触，促进消费者转化。

针对商家和消费者制定两种截然不同的方案，并非出于感性判断，而是基于理性高效的数据分析。当手握无数资金，面对海量的渠道时，如何分配资金，最有效地利用不同的渠道，这是一个效率问题，而解决效率问题的核心是数据分析。

当一个决策能够被归结为效率问题时，答案往往变得更加明确。例如，新客户获取成本可以用以下公式表示：

$$新客户获取成本 = 渠道总花费 \div 新客户总数$$

有了这个公式，我们就可以高效地衡量几乎所有渠道的效率，包括线下发传单、线下广告牌、搜索广告、应用市场等。美团正是通过衡量每个渠道的效率，淘汰效率低的渠道，保留效率高的渠道，逐渐在竞争中占据优势的。

最终，美团在"百团大战"中脱颖而出。竞争对手拉手网在 2014 年完全退出团购市场，而大众点评则在 2015 年被美团收购。可以说，正是基于数据分析，美团赢得了这场竞争。

"百团大战"的例子展示了数据分析的第一个作用：提升项目的成功率。

"凡事预则立，不预则废。"我们在开始行动之前，选择正确的方向和方法可以显著提升项目的成功率。

那么，如何选择正确的方向和方法？如何确保在面对困难时，我们能坚定不移地执行决策？答案非常简单，我们只需遵循尝试、总结、调整这 3 个步骤，并使其形成一个循环。而数据分析可以大幅提高我们完成这 3 个步骤的效率和准确性。

美团通过数据分析，总结了各种尝试过的渠道和效果，并及时调整策略，淘汰效率低的渠道，保留效率高的渠道。这种方式可以确保在进行多次尝试后，营销预算的使用效率得到逐步提高。更重要的是，决策层与执行层在目标、方法和进展方面能够快速达成共识。

例如，为选出效率高的渠道以接触消费者，我们可以先列举消费者所有可能接触的渠道（如搜索广告、弹窗广告），然后计算每个渠道促使一个消费者完成交易所需的成本，最后从中选择成本最低的渠道。这样可以确保无论是公司员工还是 CEO，在执行时都能采取相同的方法，不受个人理解的差异干扰，确保决策的准确执行。

通过关键数据，每个人都可以清楚地了解流程和结果，选出效率高的渠道，从而大幅提升项目的成功率。

试想一下，如果在"百团大战"中，美团没有选择依据数据分析，选择效率高的渠道，而是凭借个人感受或个别案例就做出决定，并且在之后的决策中都延续这种方式，那么，今天的团购和外卖市场估计就会是另外一种局面了。

1.4　数据分析能增强项目的说服力

2002 年是腾讯成立的第 4 年。许良，一名刚刚加入腾讯不久的员工，产生了一个创新想法：在 QQ 上创造虚拟形象，并向用户推广这个概念。

他将这个想法整理成文字并以邮件的形式发送给上级，然而，一个月过去了，他却没有收到回信。原因很简单：当时没有人能理解虚拟形象的概念。

在那个时候，虚拟形象是一个全新的概念，许良无法找到成功的案例来证明这个项目有发展前景，而管理层对虚拟形象的价值也并不认可。另外，许良在腾讯工作的时间还不长，尚未建立自己的影响力。

此外，开发这个项目需要不少的设计师和程序员，还需要在 QQ 软件中腾出相当大的面板空间。

考虑到所有这些因素，大家都认为这个项目具有高风险、低回报的特征。因此，没有人愿意将资源投入其中。

但许良很着急，因为不久之前已经有公司推出了类似的产品。如果腾讯不及时采取行动，市场的先发优势将被其他公司牢牢占据。

幸运的是，许良在这个关键时刻遇到了王远。

王远是腾讯的一名资深员工，经过与许良交流后，他提出了一个建议："进行一次调研，撰写一份调研报告。"

许良听从了王远的建议，立刻行动起来。通过调研，他发现韩国已经有一个具备虚拟形象功能的网站，并且他还收集到了一些关键数据。

- 韩国的虚拟形象网站拥有 150 万个付费用户。
- 每个用户平均每个月在该网站上的花费相当于人民币 5 元。
- 在网站的用户群中，50% 的用户年龄不到 20 岁，与 QQ 用户的构成非常相似。

许良结合数据撰写了一份调研报告并提交给上级。

与之前不同，公司决策层对这个项目非常重视。大家决定召开会议讨论这个项目，连马化腾也参加了会议。

据参会者后来回忆，会议进行到一半时，大家都认为不需要再讨论下去了。这并不是因为这个项目不值得投入，而是这个项目太棒了，以至于大家认为不再需要继续讨论。马化腾也表示这个项目很有发展前景。

最终，公司将这个项目交给了刚刚加入腾讯不久的许良，因为他是最了解这个项目的人。大量精兵强将被调派到这个项目组，在大家的通力协作下，不到半年的时间，QQ 秀正式上线。

再经过不到半年的时间，QQ 秀迅速走红，成为腾讯收入的重要组成部分。从最初的不被重视到被公司决策层关注，一切都来源于数据分析。

从这个出自《腾讯传》的案例中，我们可以清楚地看出，数据分析对增强项目的说服力，特别是增强创新项目的说服力发挥了巨大作用。通过关键数据，我们能够快速预测项目的发展前景，从而做出是否投入资源的决定。

假设没有这些关键数据，许良只能依靠个人感受来说明项目的发展前景，这样显然是缺乏说服力的。每个人都有自己的认知，这些认知是在无数经验中形成的，尤其是对那些取得过成功的决策者来说，认知一旦形成，就很难改变。

那么，当双方认知不同的时候，应该听谁的意见呢？如果只是两个人的看法相冲突，那么在通常情况下，职位更高和经验更丰富的人可能更有说服力，因为从概率上来看，其判断更可能是正确的。

因此，不要试图用自己的看法来说服别人。这几乎是不可能成功的！特别是当决策者对某个领域不了解时，他们会持怀疑态度，这是很正常的反应。

综上所述，开发创新项目通常会遇到巨大的困难，那么我们应该如何应对呢？如何改变一个人的固有认知？

答案是，呈现客观事实，用客观事实来推翻固有认知。而数据分析正是呈现客观事实的有力工具。大家或许认为"虚拟形象"项目没有发展前景，但事实上韩国的虚拟形象网站已经拥有 150 万个付费用户。大家或许认为用户不会在虚拟形象网站上付费，但事实上韩国的虚拟形象网站用户平均每月花费相当于人民币 5 元。大家或许认为韩国的虚拟形象网站的用户和 QQ 的用户不同，但事实上韩国的虚拟形象网站的一半用户年龄不到 20 岁，与 QQ 用户的构成非常相似。

用客观事实推翻固有认知，项目的说服力自然会大大增强。希望本书的读者能够成为下一个许良，通过数据"武装"自己，挑战认知！

1.5　数据分析能及时发现异常

2018 年年初，百丽国际积极推进"试穿数字化"计划。李良是负责数字化转型的领导，他在一次演讲中回忆了自己通过数据分析发现百丽国际鞋子销售异常的事情。他发现有一款鞋子的试穿率在所有鞋子中最高，最终的购买率却相当低。按照当时百丽国际的流程，购买率低的鞋子将在售罄后停止生产，被淘汰。

为什么会出现这种情况呢？为什么这么多人试穿后却不购买呢？

实际上，许多销售人员早已察觉到这个问题，但由于各种因素没有将问题反馈给管理层。然而，通过数据分析，李良很快发现了这一问题，并向销售人员了解原因。

销售人员告诉他："这款鞋子不合脚！这种情况在店里几乎每天都有，我们早已司空见惯。"

那么，为什么这款鞋子不合脚呢？通过对顾客试穿的观察，李良找到了原因：这款鞋子的鞋带略长。

李良将这一发现告知了产品部门，产品部门迅速对鞋子进行了改进。改进后的鞋子成了畅销款，销售额很快超过千万元。

后来在 36 氪专访中，李良再次回忆了这个案例，说明了数据分析的作用。

可以想象，如果没有数据分析，异常就很难被发现，除非销售人员反馈，或者鞋子设计师四处寻求顾客建议，最终试穿鞋子的顾客告知问题。

然而，异常都是小概率事件，而李良的数据分析使之成了大概率事件。

当一个项目变得足够复杂时，异常的发生几乎是不可避免的，有些异常甚至可能对项目造成严重影响。而且异常发生的时间是不确定的，可能明天发生，也可能一直不发生；可能在白天发生，也可能在夜晚发生。就像达摩克利斯剑一样，让人时刻保持警惕，危险不知何时会降临！

> **小贴士：达摩克利斯剑**
>
> 达摩克利斯剑是一把悬挂在国王头顶上方的剑，来自希腊传说，随时都有可能掉下来，提醒国王要居安思危，如图 1.5.1 所示。

图 1.5.1

但是，人的精力是有限的，长期的监控工作会给我们带来巨大的心理压力，最终导致精神崩溃。

幸运的是，现代技术使我们能够充分利用计算机和数据，让机器替代我们完成监控工作，全天候不间断地进行巡逻。

然而，监控是一项复杂的任务，我们如何让机器代替人类完成它呢？

关键在于数据化。

首先设定一些量化的异常标准，一旦达到这些标准，机器就会发出警报，然后通过 App 消息、电话、短信等方式通知相关负责人。

这样可以节省我们的时间，让我们把精力投入需要创造性思考和深度思考的工作中。

数据分析可以充当一个可靠的"哨兵"，为项目提供保护。

1.6　数据分析能建立自身的影响力

影响力，即影响他人的能力。

有影响力的人能够迅速让他人理解并接受自己的想法，使其按照自己的思路去工作。

有影响力的人能够更顺利地调动更多的资源，有效地推动并实现自己的想法。

苹果公司的创始人之一乔布斯就是一个拥有影响力的典范。他的"现实扭曲力场"

能力能够让每一个与他交谈的人都受到他的影响。不少人会迅速接受他的想法，并与他一起努力实现那些当时看来堪称疯狂的构想。

同样，公司高管或行业领袖也会具备一定的影响力，这得益于他们在某个领域积累的经验和获得的成就。其持有的某些观点即使未得到充分论证，也会被广泛接受。

可惜的是，我们可能既没有像乔布斯那样影响他人的能力，也没有像资深从业者那样的权威。因此，我们无法通过他们的方式来建立影响力。

但是，我们可以借助数据分析，建立影响力。因为数据分析能够最大限度地弥合人们对事物的理解差异，使人们尽快消除分歧，达成共识。

谷歌的安娜贝尔就是一个很好的例子，她充分利用数据分析来建立自身的影响力。作为谷歌负责 App 用户增长的员工，她擅长数据分析。通过对用户行为进行深入分析，她发现 App 在谷歌商店的下载量与用户的评论直接相关。如果在用户的评论中排在前面的是负面评价，App 的下载量就会下降。

基于这一发现，她推动了鼓励用户评论的功能的开发。当用户在使用 App 的愉快体验达到高潮时，App 会鼓励他们写好评。这一功能上线后，App 的 4 星评价和 5 星评价数量显著增加。好评多了，App 的下载量也水涨船高。

在项目结束后，她将这一过程记录下来，并与软件工程师分享。之后，有越来越多的软件工程师主动寻求她的建议："你还有其他想法吗？我们还可以做些什么？"最终，她在公司建立了影响力，为后续项目顺利推进提供了很大帮助。

影响力虽然是一个看不见摸不着的东西，但能对许多事情产生深远影响。当一名员工在团队或公司内建立了自身的影响力后，他就可以节省沟通和验证成本。这是因为具有影响力的员工会受到同事和组织的信任，项目参与者会更有信心应对风险和不确定性，尤其是在互联网公司这样充满不确定性的环境中。

当面对一个创新项目时，参与者对项目的成功存在疑虑是正常的。有人可能会在沟通中提出不同的看法，甚至在沟通中与我们争辩。但如果有可靠的数据分析支持，大家就会认为我们具备清晰的分析思路和出色的数据分析能力。与我们合作自然会提高项目的成功率。随着成功经验的积累，我们的影响力也会自然而然地建立起来，后续项目面临的阻力也会减小。

通过以上 4 个案例，我们可以清楚地看到数据分析的重要性。接下来，我们将结合数据分析的方法和案例，向读者介绍如何进行数据分析，以及如何应用数据分析方法来建立自身的影响力。

第**2**章

目标确认：
数据分析的第一步

2.1　确认目标后再行动

我在 360 公司工作时，公司曾发生过这样一件事情。一位同事接到了上级分配的任务，上级告诉他："请将我发给你的文件打印出来。"

这位同事迅速地将文件打印出来，并交给了上级。然而，上级拿着文件有些无奈地说："等会儿将有 3 位客户来公司，你打印的这一份文件我要怎么分给他们？再去打印一次吧。"

这是一个未明确目标就行动的典型场景，这位同事由于没有养成良好的沟通习惯和工作习惯，因此最终没能把事情办好。

当然，要论责任的话，主要责任应该归咎于上级，他在交代任务时的确表达得不够清楚。

但是，上级的沟通表达能力并不是员工可以决定的，优秀员工能做的是想办法弥补上级的不足甚至失误，并最终把事情办好。

其中最重要的环节就是，在行动之前确认目标。

有些员工可能会有一个错误的认知——做得快才是做得好。于是他们在接到任务后还没思考清楚，就行动了。

我们用这样的方式处理一些重复简单的工作也许没有问题。而一旦我们用这样的方式去处理比较复杂的事情，往往就可能陷入事情做到一半才发现问题的窘境。我们耗费了大量的时间和精力，然而获得的结果可能并不是上级所需要的。

如果这样的事情多次发生，我们就有可能失去上级的信任，从而获得一个"不靠谱"的标签。

有些职场新人基于各种原因，往往不愿意甚至惧怕与上级沟通，担心给上级留下自己"不够聪明"的印象。但实际上，多沟通带来的好处会远远大于投入的成本。如果不信，那么大家可以观察一下周围的人，那些在职场上出类拔萃的人大多是敢于沟通并且善于沟通的人。他们习惯了获得足够的信息后再行动。

数据分析也是一样的，如果我们先获取到足够的信息，再去行动，往往就能获得事半功倍的效果。

为了更好地理解目标的重要性，大家不妨把数据分析类比为做菜。实际上两者非常的相似。

所谓做菜就是我们拿到食材后，通过各种方式进行加工，最终将这些食材转化为一道美味的菜，让食客享用，如图 2.1.1 所示。从这个角度来看，数据分析也是类似的，我们在获取到数据后需要对其进行加工，提取所需的信息，最后供需要的人使用，如图 2.1.2 所示。

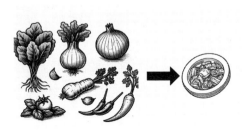

图 2.1.1

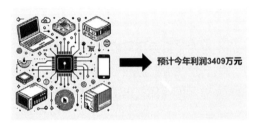

图 2.1.2

那么，当我们接到做菜的任务后，第一步要做的是什么呢？是寻找食材吗？并不是！

第一步是明确食客的需求。

在行动之前，优秀的厨师会明确这道菜是为哪位食客准备的，其会在什么场合食用它，做这道菜的标准是要量大而丰盛，还是注重营养，抑或是食客已经饿得不行，需要快速上菜。我们只有事先明确食客的需求，才能确定要做的菜并选择合适的食材。

同样地，数据分析的第一步也不是获取数据，而是确认目标。毕竟，早开始并不一定意味着早完成，因此务必在确认目标之后再着手进行分析，特别是对于关键信息，必须在开始之前确认目标，以避免做无用功。

而想要确认目标，最关键的一点是"避免出现信息差"。

2.2　避免出现信息差

先讲述一则经典的笑话。有一天，妻子对身为程序员的丈夫说："今天儿子过生日，去买一个蛋糕回来，如果看到苹果，就买两个。"

结果，丈夫买了两个蛋糕，原因是他在路过的超市里看到了苹果。

在编程语言中，程序员思考的"面向对象"是蛋糕，看到苹果只是改变购买蛋糕数量的触发条件。

当年这则笑话在硅谷流传甚广，因为其形象地展现了程序员的面向对象编程思维，即只面向一个主体（也就是蛋糕）进行思考。程序员将看到苹果便将其理解成了改变购买蛋糕数量的触发条件，就像他编写的程序一样，一板一眼。

非程序员的思维与程序员的思维分别如图 2.2.1 和图 2.2.2 所示。

然而，非程序员通常不会犯这样的错误，并不是因为他们比程序员更聪明，而是因为他们在不自觉中理解了任务的"目标"。他们根据生活经验，知道所做的一切都是为了庆祝孩子的生日，而不是为了食用尽可能多的蛋糕。因此，只买一个蛋糕就足够了。这种"先确认目标，再行动"的行为是一种不自觉的行为，不一定每次都会发生，例如我那位打印文件的同事显然没有那么幸运。

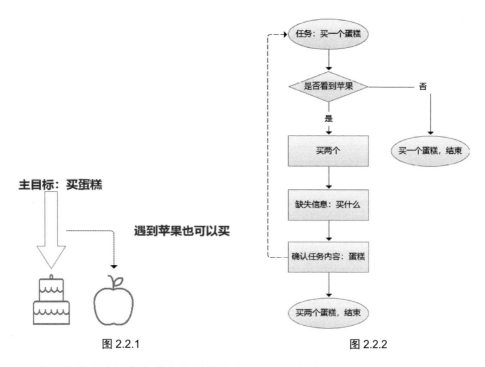

图 2.2.1　　　　　　　　　　　　　　　　图 2.2.2

那么，为什么妻子在交代任务时没有完全明确目标呢？

这是因为人与人之间存在着"信息差"。

在沟通和数据分析中，清晰地明确目标和关键信息是至关重要的，这有助于我们更好地进行数据分析，提高沟通效率，少走弯路。

在通常情况下，为了提高沟通效率，人们常常默认某些信息无须明确提及。毕竟，详细叙述前因后果会耗费大量时间。

然而，有时候两个人所知的信息之间存在差异，任务的执行者可能不清楚某些重要的信息，就像 2.1 节中提到的那位同事在接到任务时并不知道即将有 3 位客户到访。如果在接到任务后，执行者没有通过询问来消除这种"信息差"，那么自己只能去猜测关键信息，如图 2.2.3 所示。

如果能消除信息差，项目的参与者对目标的理解基本上就会是一致的，项目的成功率也会提升。

但是，信息差的消除并不是那么容易的。信息差之所以会出现，是因为需要沟通的内容实在太多，所以传达者有意无意地会省略其中一些信息，以达到提升沟通效率的目的。

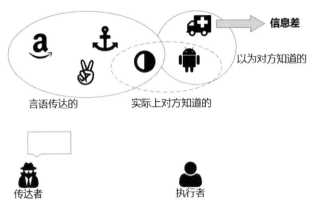

图 2.2.3

如果传达者为了消除信息差，把事情从头到尾地向执行者讲述一次，那沟通效率就会降低，这也会是一件得不偿失的事情。

所以，最好的方法是识别出"关键信息"，并对此进行沟通。

那么问题来了，需要沟通的信息那么多，如何识别出哪些是关键的呢？下面我们将学习确认关键信息的技巧和方法。

2.3 别遗漏关键信息

要消除信息差，无须对每个细节都逐一核对。有些任务可能涉及大量细节，但沟通的时间是有限的，我们不可能等到将所有细节都沟通完才开始行动，这样会耽误任务的进展。因此我们需要抓住重点，找到关键信息，并针对关键信息进行沟通。

然而，我们该如何寻找关键信息并确保没有遗漏呢？

方式有两种：依据经验挨个列举，依据目标和路径寻找。

"依据经验挨个列举"指的是在接到任务后，依据自己或他人做事的经验，或者复制之前的成功方法。这种方式比较适合简单的、路径清晰的任务。因为任务比较简单，所以即使我们依据经验寻找关键信息，也不会遗漏。

例如，那位需要打印文件的同事当再接到类似任务的时候，就可以根据上次的经验，很快地列举出几个关键信息，与上级一一确认。其中的关键信息包括打印几份、黑白打印还是彩色打印、双面打印还是单面打印、什么时候需要等。

这种方式就像挨个捡地上的树枝，靠的是执行者的经验和记忆力。但是依据经验挨个列举的方式存在不足。一方面它高度依赖执行者的记忆力，一旦执行者在行动时发现遗漏了关键信息，就需要再次与传达者进行沟通，效率较低。另一方面，它只适用于预定的任务，很难获得超出预期的结果。

"依据目标和路径寻找"适用于任务较复杂，执行者缺乏相关经验的情况。当采用这种方式时，执行者不是列举任务的所有细节，而是直接询问传达者"任务的背景和目标是什么"。

通过掌握任务的背景和目标，并结合当前情况，执行者可以很快找到成功的路径。这样，执行者不需要逐一回忆和寻找关键信息，主要是沿着路径进行思考，关键信息便会自然显现，而且很少会被遗漏。这种方式就像我们爬树干，从树下一直爬到树顶，途中重要的"树枝"自然也会被考虑到。

要完成一份出色的数据分析工作必须确认目标和消除信息差。只有明确了这一点，我们才能确定适用的分析方法和分析对象。

例如，那位打印文件的同事当被安排接待重要客户时，由于这件事情较复杂，且同事可能也不具备相关的经验，因此可以选择依据目标和路径寻找这种方式。

假如这位同事向上级确认本次接待客户的目标是让客户了解公司的产品，并最终购买，那么依据这个目标，他就可以列举出让客户购买公司产品的关键信息：客户需了解的内容、客户的大致预算、公司对应的解决方案、公司的接待与销售人员、接待与介绍方案的场地安排。

当找到这些关键信息后，这位同事就可以着手准备这次接待，而不至于像一个无头苍蝇似的，想到哪里做到哪里，最终错误百出。

两种方式如图 2.3.1 所示。

> **小贴士：及时复盘，将经历转化为经验**
>
> 无论我们采用哪种方式来确定关键信息，都是一次宝贵的经历。特别是当项目完成后，我们要及时复盘，看看当时在确定关键信息时，哪些其实很重要的信息被漏掉了。
>
> 只有这样，我们才可以将经历转化成经验，从而在下次遇到类似事情的时候，避免犯曾经犯的错误。

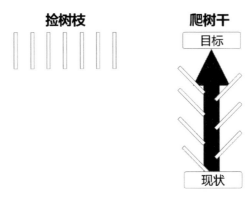

图 2.3.1

2.4 目标确认的步骤

当我们建立起要确认关键信息的意识后，就可以学习目标确认的步骤了。下面我们将通过一个稍微复杂的例子来学习目标确认的步骤。

假设我们接到了以下任务：分析最近 App 活跃用户数减少的原因。为了明确任务的目标，我们可以采取以下几个步骤。

1. 倾听（收集信息）

在接到任务的时候，不要急于表达自己的看法，而要耐心倾听，收集其中包含的关键信息。一般而言，传达者交代的任务会包含事情的背景、目标、进度。三者如果缺少了任意一个，信息就是不完整的。我们来对上述任务进行分析。

（1）背景。最近 App 活跃用户数减少。

（2）目标。在表述中，"目标"出现了缺失。这是一个特别值得注意和警惕的方面，在没有明确目标的前提下进行分析，最终很可能导致分析结果无法发挥作用。

（3）进度。在表述中，"进度"也出现了缺失。需要注意的是，很多时候我们接到的任务并不是从零开始的，而是有了其他同事的分析，但是上级对他的分析结果并不满意，所以才让我们再进行一次分析。如果注意到这一点，多问一句，可能就能更有效地完成任务，少走弯路。

2. 初步确定数据分析目标

在倾听后，我们就可以依据收集的关键信息，对目标进行初步分析。这次分析是为了寻找某件事情发生的原因，所以可以被视为"解释性"分析。找出事情发生的原因，带着这个目标进行分析，往往思路能更清晰一些。一般而言，数据分析目标分为以下几类。

（1）描述性分析。它是指使用数据描述事物的基本特征和情况，包括数据的汇总、分类和文字描述。此类分析可以让我们对某件事物有一个基本的判断。

（2）预测性分析。它通常基于历史数据，运用各种统计模型和机器学习算法来预测未来的趋势和结果。其中还需要包含预测依据，说明预测结果是如何得来的，否则预测的结果将很难让人相信。

（3）因果性分析。它用于让我们理解变量之间的因果关系。这类分析帮助我们理解特定因素如何影响业务结果，从而为决策提供支持。

（4）解释性分析。它着重于分析坏结果发生的原因，找出引起坏结果发生的因素，从而让我们能从中吸取教训，避免更多的损失。

3. 拆解（发现信息差）

通过思考，我们可以确定这是一个"解释性分析"任务，其关键在于解释某个指标减少的原因。因此，我们需要获取更多的信息。

（1）目标。为什么要进行这次分析？是想让活跃用户数恢复到之前的水平，还是想确认某个猜想的正确性？

（2）进度。该分析是否已经开始？是否已有数据（如活跃用户数统计）？

（3）定义。"活跃用户"的定义是什么？"最近"指的是哪个时间段？"减少"是与以前哪个时间段进行对比？

4. 获取补充信息（消除信息差）

通过分析，我们发现任务的传达者给出的信息并不全，我们应针对分析中发现的问题对其进行询问，以获得明确的答案，从而消除信息差。如果任务的传达者也不清楚这些问题的答案（这种情况很常见，因为很多任务的传达者只是起到传递信息的作用，没有深入思考任务的目标和要求），那么我们最好联系任务的发起者来获取答案，或者提出自己的猜测，以便任务的发起者给出答案。

5. 确认目标（确保双方理解一致）

在向任务的传达者或发起者获取到补充信息后，我们可以提出以下问题以确保双方理解一致："我理解的这次任务的目标是寻找数据指标变化的原因，是否正确？"如果双方之间的理解存在偏差，那么在这一步中可以得到有效的纠正。

6. 确认分析思路（对目标进行再次确认）

在确保双方理解一致后，我们要确认分析思路，可以向相关人员再次进行了解，看看思路是否得到认可，或者获得一些建议，这样能有效提升分析效率。

（1）将活跃用户按其构成的渠道进行拆解。

（2）将2月与1月数据进行对比，找出活跃用户数减少的渠道。

（3）与负责该渠道的同事进行沟通，寻找活跃用户数减少的原因。

（4）考虑是否可以采取措施，以增加这些渠道的活跃用户数。

第 **3** 章

寻找需要的数据：
数据分析的基础

3.1 数据分析需要原材料

如果将数据分析比作做菜，那么在明确数据分析目标之后，我们便需要考虑必需的"食材"，也就是数据。

阿里巴巴的数据中台部门开发了一款名为"数据超市"的产品。阿里巴巴的员工可以通过这个平台浏览和申请所需的数据，并在获得批准后使用它们进行分析。此外，其还开发了一款名为"御膳房"的数据处理产品。这些形象的命名体现了阿里巴巴对数据分析的深刻理解。

数据是数据分析的核心，但获取数据并非易事。我们可能会遇到如下难题。

（1）数据尚未被储存。

（2）已知数据被储存，但不清楚存储在哪里。

（3）没有数据访问权限。

（4）数据存储格式存在问题。

（5）数据本身存在错误。

如果未做好应对这些难题的准备，那么当我们在开始数据分析前却意识到并没有可分析的数据时，便会产生挫败感。然而，获取数据本身就是一个复杂的过程，需要运用多种方法和技巧。有时，数据的获取可能占据整个数据分析过程的一半时间。

正是因为数据的获取成本较高，所以当我们确认数据分析目标后，紧接着就要依据目标判断所需要的数据。

但这可不是一件容易的事情，大多数时候数据分析目标和数据之间的关联并不那么明显，特别是对经验不那么丰富的员工而言，经常出现在拿到数据后才发现依据这些数据并不能完成分析目标的情况。

为了解决这个问题，本书列举了常见的数据类型，读者可依据自己的实际工作场景进行索引。

3.2 常见的数据类型

通常，数据可分为以下几类，我们将在下文中对其进行详细的介绍。

1. 用户行为数据

用户行为数据基于用户在网站、App 或其他数字平台上的互动行为产生，包括页面访问、点击路径、停留时间、搜索查询、内容分享和评论等。对互联网产品而言，用户行为数据是产品团队理解用户需求、优化用户体验和增强产品吸引力的关键。

2. 产品内容数据

对互联网产品而言，产品内容数据主要指的是产品内嵌的所有内容资源，包括但不限于文章、视频、图片、音频、图表、互动元素（如游戏或测试），以及用户生成内容（UGC），如评论、评分。这类数据对于分析内容的受欢迎程度、用户偏好和互动模式至关重要。通过深入分析产品内容数据，产品团队可以识别出哪类内容是对用户的吸引力最大、用户停留时间最长及用户参与度最高的。

3. 交易数据

对提供在线交易或内购功能的互联网产品而言，交易数据包括购买记录、交易金额、支付方式、购买时间等。这类数据对于产品团队洞察消费行为、优化价格策略和预测市场趋势等至关重要。

4. 运营数据

运营数据来源于用户反馈渠道、客服互动和社区讨论等，包括用户的问题、投诉、建议和评价。收集这类数据有助于产品团队识别和解决用户面临的问题，提高用户满意度和忠诚度。

5．用户线下行为数据

对某些互联网产品而言，尤其是那些与实体服务相结合的产品，如 O2O（Online to Offline，线上到线下）服务，了解用户的线下行为数据非常重要。用户线下行为数据包括用户的地理位置、线下活动参与情况等，收集这类数据有助于产品团队为用户提供更加个性化和场景化的服务。

6．第三方数据

第三方数据包括社交媒体趋势、合作伙伴提供的数据、市场研究报告等。对互联网产品而言，通过收集第三方数据，产品团队可以获得宝贵的市场洞察力和掌握用户行为趋势，有更多捕捉用户新需求的机会。

3.3　用户行为数据

3.3.1　分析用户行为数据的目的

用户行为数据通常是互联网产品记录得最多的数据，因为这类数据能反映出产品的可用性和易用性，对于确定产品的迭代方向是最有力的支撑。

每当用户点击、滑动、浏览或进行其他交互操作时，这些行为就会被记录下来。这些数据看似微不足道，实际上十分重要，其能够揭示出用户的兴趣、偏好、习惯及对于产品的真实反馈。

例如，对于受到众多用户欢迎的短视频产品，平台通过分析用户观看短视频的行为，如在一个页面停留的时长、点赞、收藏和转发等，可以了解哪些内容对用户有吸引力，即用户的偏好，并据此推送用户可能喜欢的视频，如图 3.3.1 所示。

不仅如此，短视频平台还能将大量用户在特定时间的行为数据聚合起来，分析出在特定时间段中用户的偏好，以及用户行为产生的原因，以进一步指导产品算法的升级。

例如，搞笑类视频在周末晚上和节假日期间往往受到大量用户的欢迎。这是因为在这些时间段内，用户有更多的闲暇时间，倾向于观看轻松有趣的内容来放松自己。

而与之相反，在工作日，由于用户大多处于工作或学习状态下，搞笑类视频的播放量则相对较低。

数据分析师眼中的产品交互界面

点击作者头像：用户对作者感兴趣

点击喜欢：用户对作品内容非常满意

滑动，用户对该作品不满意

视频被看完，用户对内容较满意

图 3.3.1

针对不同的数据分析目的，需要的数据也是不同的，我们可以选取相对应的数据来进行分析。

（1）揭示用户偏好。用户的浏览、搜索、点击等行为直接反映了他们对特定内容或产品的兴趣。通过分析用户行为数据，我们可以识别出最受用户欢迎的产品或内容，从而指导产品内容推荐策略的制定。此外，分析用户行为数据使得实现个性化推荐成为可能，这对于提高用户参与度和增加产品的销售额至关重要。通过分析用户行为数据，我们可以为用户提供定制化的产品推荐、搜索结果和内容。

（2）优化用户体验。用户在网站或 App 上的路径（如从浏览到加入购物车）可以揭示用户体验中的痛点。通过分析这些路径数据，我们可以识别并解决导致用户流失的问题，如缓慢的加载时间、不直观的按钮设计。

（3）提升转化率。对比用户对不同价格商品的行为数据，可以了解影响转化率的关键因素，例如商品设置折扣后转化率有了明显的提升。收集这些数据对于优化销售漏斗、调整定价策略和完善结账流程至关重要。

（4）进行用户细分。我们可基于用户行为数据，如他们的行为模式、购买历史和偏好来进行用户细分。这有助于实施更有针对性的营销策略和提供更适合用户的产品或服务。

（5）预测市场趋势。通过分析大量用户行为数据，我们可以有效预测市场趋势和用户需求的变化。例如，通过监测少量极具影响力的用户可以捕捉到当年流行服饰的款式、颜色或风格等市场趋势，这一趋势之后会逐步被大众接受并喜爱。收集用户行为数据对于制定长期战略、管理库存和开发新产品至关重要。

（6）提升营销效果。用户行为数据可以用来评估营销活动的效果，如不同渠道的广告点击率、短信营销的打开率和转化率、不同类型用户对营收的贡献度。分析这类数据有助于优化营销策略，实现更高的投资回报率，让营销选择变得有据可循。

（7）强化风险管理和确保合规性。在某些情况下，用户行为数据还可以用于识别欺诈风险和确保合规性。例如，在金融服务行业，异常的交易行为表明可能存在欺诈风险。

3.3.2　用户行为数据的分类

互联网产品的用户行为主要分为以下几种。在系统设计时可以依据未来的分析和记录需求对其进行记录。

（1）打开。该行为数据包括用户 ID、打开时间、来源渠道（如营销短信、社交媒体链接、直接打开等）。

（2）浏览。该行为数据包括用户 ID、内容 ID（如被浏览的文本、图片、视频等）、阅读时长、阅读进度。

（3）点击或滑动。该行为数据包括用户 ID、点击或滑动的具体对象（如按钮、链接等）、点击或滑动时间。

（4）注册。该行为数据包括临时用户 ID，已注册的用户 ID、手机号、邮箱。

（5）登录。该行为数据包括用户 ID、登录时间。

（6）退出。该行为数据包括用户 ID、退出时间。

（7）输入。该行为数据包括用户 ID、输入时间、输入内容（如搜索查询、表单填写等）。

（8）交易。该行为数据包括用户 ID、交易时间、产品 ID、交易数量、应付金额、优惠金额、实付金额。

3.3.3　用户行为数据的特点

用户行为数据具备一些特殊性，我们在对其进行分析的时候需要综合考虑数据的丰富性、动态变化及隐私安全等问题，以制定合适的分析策略和方法，更好地挖掘和利用这些数据所蕴含的价值，其中特别需要注意以下几点。

1．可按单个用户的维度进行统计

详细记录用户针对产品的几乎所有行为为我们向用户进行个性化推荐提供了可能，例如通过分析一个用户的浏览、点赞行为之后，我们就可以了解该用户的偏好。需要注意的是，除了分析用户的直接互动行为（如点赞、评论），还应考虑隐蔽式行为（如浏览时长、页面滚动速度），这些行为往往能提供更深层次的用户偏好信息。

2．需注意保护用户隐私

利用用户行为数据，我们能获悉大量用户的偏好甚至隐私，所以需要确保数据的合法性与隐私性。在收集和分析用户行为数据时，我们必须遵守相关的法律法规，采取适当的数据保护措施，如数据加密和匿名化处理，以确保用户的隐私信息不被泄露。在收集用户行为数据之前，我们需要向用户展现相关条款，并让其阅读后授权，确保用户明白他们的数据如何被收集和使用。

3．用户行为数据是动态变化的

每个用户的行为数据都不是一成不变的，而是动态变化的，包括用户的学历、收入、偏好等都可以随着时间的变化而变化，所以，针对用户行为数据的分析结果只能代表一段时间的情况。

小贴士：注意数据安全与合规

在数据世界中，用户数据是企业宝贵的资产，但同时也是敏感的资源。企业需要时刻注意在进行用户数据分析时，始终遵守相关的法律法规，确保用户的隐私不被侵犯。在全球范围内，各国关于数据隐私的法律法规均在不断完善，企业需要认真对待并确保行为合规，否则将面临巨大的法律风险。

在进行数据收集、分析和存储时，企业应严格遵循保护数据隐私相关的法律法规，确保用户数据不会被滥用。首先，企业要让用户清楚地知晓他们的数据是如何被使用的，确保用户同意数据的收集。其次，企业应对敏感数据进行加密处理，确保数据传输和存储的安全性。最后，如果项目可能会存在法律风险，那么企业应让法务介入，待其评估并给出书面意见后再推进项目，这既是对用户的负责，也是对自己的保护。

3.4 产品内容数据

3.4.1 分析产品内容数据的目的

对于以 UGC（用户生成内容）或 PGC（平台生成内容）为核心的互联网产品，产品内容数据是产品成功的关键。通过深入分析这类数据，平台可以实现内容优化，提高用户参与度，增强平台的吸引力和市场竞争力。在以内容为驱动力的互联网环境中，对这类数据的持续关注和分析对于保持平台活力和对用户的吸引力至关重要。通过分析产品内容数据，可以实现以下目的。

（1）确定内容与风格。分析产品内容数据可以了解用户对文本、图片、视频、音频等不同格式内容的偏好。对于 UGC 平台，内容种类广泛，反映了用户多样的兴趣和创造力。对于 PGC 平台，内容通常更加专业化和标准化。

（2）了解内容受欢迎程度。分析用户的互动行为数据，包括点赞、评论、分享和观看时间等，有助于了解哪些内容最受用户欢迎，哪些话题或格式能够引起用户的强烈反响。这对于优化内容推荐算法和制定用户参与策略至关重要。

（3）掌握内容创作者情况。对于 UGC 平台，通过分析产品内容数据可了解内容创作者的活跃度、影响力和受众群体。对于 PGC 平台，通过分析产品内容数据可评估内容创作者的产出质量、一致性和受众反馈。这对于管理社区、识别关键影响者和优化内容生产至关重要。

（4）了解内容趋势和主题。通过产品内容数据分析，可以识别流行趋势、热门话题和热度上升的兴趣领域，从而有助于预测用户兴趣的变化，指导内容策略和营销活动。流行趋势分析对于保持平台内容的相关性和对用户的吸引力至关重要。

（5）提升审核水平。对平台而言，内容审核机制和质量控制的数据包括违规内容的检测和处理。分析产品内容数据对于维护平台的健康环境和获得用户的信任至关重要。

（6）提升用户体验。分析用户对内容的直接反馈，包括评价、投诉和建议，有助于提高内容质量，提升用户体验。用户反馈是优化产品和内容策略的重要依据。

3.4.2 产品内容数据的分类

互联网产品内容数据主要分为以下几种。在系统设计时可以依据未来的分析和记录需求对其进行记录。

（1）内容种类和格式。该数据包括内容 ID、发布时间、内容类型（如文本、图片、视频、音频等）、内容创作者 ID、来源渠道（UGC 或 PGC）。

（2）内容互动。该数据包括用户 ID、内容 ID、互动类型（如点赞、评论、分享等）、互动时间、观看时长（对于视频或音频）。

（3）内容效果分析。该数据包括内容 ID、观看次数、观看完成率（对于视频或音频）、平均观看时长、互动总数（如点赞、评论、分享等）。

（4）用户反馈收集。该数据包括用户 ID、内容 ID、反馈类型（正面或负面评价、投诉、建议）、反馈内容、反馈时间。

（5）内容趋势监测。该数据包括内容 ID、关键词或主题、趋势指标（如搜索量、讨论量等）、时间范围。

（6）内容审核与合规性。该数据包括内容 ID、审核结果（通过或不通过）、违规类型、处理措施、审核时间。

3.4.3 产品内容数据的特点

互联网产品的内容数据与传统媒体（如报纸、电视、广播）的相比有以下几个特点，在分析时需要尤为注意。

1. 内容形式具有多样性

互联网产品的内容形式极为多样，包括视频、图片、图文结合等。每种内容形式都对用户有独特的吸引力。不同的内容形式适合不同的场景和用户需求，因此，互联网产品需要根据目标用户群体的偏好来调整内容形式，实现内容形式的多样化布局。

（1）视频。直观、生动的视频能够快速吸引用户的注意力，提高用户的参与度和延长其停留时间。但同时，视频的制作成本相对较高，且对带宽的要求更高。

（2）图片。图片是传递信息的高效方式，能够迅速被用户理解。图片适合展示产品特点、美食、风景等，但其包含的信息量有限，可能需要配合文字来传达更多的信息。

（3）图文结合。图文结合的内容形式既能利用图片吸引用户的注意力，又能通过文字向用户提供详细的信息，适合深度介绍、教程、新闻报道等场景。

2．内容的数量非常重要

个性化推荐功能在互联网产品中发挥了重要作用，这使得内容的数量变得非常重要。与传统内容不同的是，互联网产品的内容几乎对所有平台而言都是多多益善的，因为即使内容较小众，个性化推荐也可以帮助其找到对应的用户群体，而这是传统媒体难以做到的。例如，报纸上的内容就不可能依据用户的偏好而变化。这就使得内容的数量要越多越好，在某些情况下，内容的数量甚至比质量更重要。因为内容的数量对于增强互联网产品的吸引力和用户黏性有着直接的影响。一般而言，产品的内容越丰富，用户在平台上发现感兴趣内容的机会就越多，从而有助于提高用户满意度和留存率。

然而，产品内容数量的增加也给互联网产品管理内容和控制质量带来了挑战，互联网产品需要通过有效的内容筛选和推荐机制来确保用户能够接触到高质量和相关性强的内容。

3．内容需要具备时效性

与传统媒体相同的是，部分互联网产品内容也需要具备时效性，如新闻、热点事件、趋势分析等。时效性强的内容能够迅速吸引用户的关注，为其提供即时价值，但其价值可能会随着时间的推移而迅速降低。因此，互联网产品团队需要具备快速更新和发布有时效性内容的能力，同时也要注意及时清理过时内容，以保持内容的新鲜度和相关性。

3.5　交易数据

3.5.1　分析交易数据的目的

交易数据记录了用户在互联网产品上的购买行为，这类数据不仅反映了用户的消费习惯和偏好，而且对于产品销售策略制定、市场定位和用户体验优化至关重要。分析交易数据的目的如下。

（1）评估产品的销售绩效。通过分析交易数据，企业可以评估产品的销售绩效，包括最受欢迎的产品、销售额、销售增长率等，为产品迭代和库存管理提供依据。

（2）洞察用户消费行为。交易数据揭示了用户的消费偏好和购买力，可以让企业更好地理解目标市场，为用户提供定制化产品和服务。

（3）优化价格策略。通过分析不同价格点的销售数据，企业可以优化价格策略，找到最佳的价格平衡点，提高利润率。

（4）评估促销活动效果。交易数据可以用来评估促销活动效果，包括促销活动对销售额的影响，以帮助企业优化营销策略。

（5）预测市场趋势。交易数据反映了市场需求的变化，企业通过分析交易数据可以预测市场趋势，指导产品开发和制定市场策略。

（6）风险管理。交易数据还可以用于识别异常交易行为，降低欺诈风险，维护企业和用户的利益。

3.5.2　交易数据的分类

互联网产品交易数据主要分为以下几种。为了方便数据的收集与分析，我们在设计与交易相关模块的时候就需要考虑到这几种交易数据，依据未来的分析和记录需求对其进行记录。

（1）记录项。该数据包括交易 ID、用户 ID、交易时间、交易状态（如完成、退款、取消等）。

（2）目的。该数据包括追踪每一笔交易的基本情况，为交易数据分析提供依据。

（3）产品信息。该数据包括产品 ID、产品类别、数量、单价。

（4）支付信息。该数据包括支付方式（如信用卡、支付宝、微信支付等）、支付金额、优惠券使用、积分抵扣。

（5）用户行为。该数据包括浏览历史、加入购物车的时间、购买前的最后一次点击。

（6）物流信息。该数据包括物流方式、发货时间、收货地址、物流状态。

（7）售后服务。该数据包括退货原因、退货处理时间、用户反馈。

3.5.3 交易数据的特点

交易数据由于直接与用户的经济利益相关，因此我们在对其进行分析时需要注意以下几点。

1. 准确性

准确性是交易最基础也是最重要的要求，所以交易数据必须反映真实的交易情况，无误差地记录每一笔交易的信息，包括交易的金额、时间、参与方等。准确性是确保交易双方权益、进行财务审计和遵守法律法规的基础。为了确保交易数据的准确性，互联网交易平台需要采用高效的数据处理技术和算法，同时设置严格的数据验证机制，确保输入数据的正确性和完整性。

2. 即时性

除了准确性，即时性也是互联网交易数据的一个关键特点。互联网交易系统要具有即时处理数据的能力，特别是在处理大量的并发请求时，以确保用户体验的流畅性和交易的即时性，同时保证数据处理的速度和准确性。

3. 可追溯性

交易数据的可追溯性意味着每一笔交易都能够被精确记录和追踪，包括交易双方的信息、交易时间、交易金额、产品或服务详情等。这不仅有助于解决可能出现的争议，还是确保交易透明度和公正性的基础。

4. 多样性

互联网交易数据的多样性体现在交易类型、支付方式、货币单位等方面。全球化的交易平台可能需要处理包括但不限于产品购买、服务订阅、虚拟货币交易等多种交易类型，同时支持多种支付方式（如信用卡、电子钱包、银行转账等）和多种货币。这要求互联网交易系统能够灵活处理各种数据，并确保交易的顺利进行。

5. 安全性

安全性是指保护交易数据不被未授权用户访问、修改或泄露，包括物理安全、网络安全和数据安全等多个层面。对于安全事件，互联网交易系统需要建立快速有效的应急响应机制，以最小化损失。

6. 隐私性

隐私性关注的是用户的个人信息和交易细节得到保护，用户的隐私不被无故泄露。由于在互联网交易中，用户通常需要提供姓名、地址、支付信息等敏感数据，因此保护用户的隐私不仅是法律法规的要求，也是增强用户信任的关键。

3.6 运营数据

3.6.1 分析运营数据的目的

运营数据是互联网产品日常运作中收集的数据，它涵盖了从用户的互动行为到后台运行情况的各个方面，对于优化产品功能、提升用户体验、增强业务决策有着至关重要的作用。我们可以通过分析相对应的运营数据，获得辅助信息达成以下目的。

（1）评估目标达成情况。通过分析运营数据，我们可以知晓业务目标的达成情况，从而及时调整运营区的节奏和投入。

（2）提高运营效率。通过分析运营数据，我们可以识别流程中的瓶颈和低效环节，从而优化流程，提高运营效率。

（3）提升用户满意度和忠诚度。运营数据能够揭示用户在使用产品过程中的痛点，帮助团队从用户的角度优化产品，提升用户满意度和忠诚度。

（4）指导产品迭代。通过分析运营数据，产品团队可以对用户行为进行深入洞察，从而为产品迭代和功能优化提供数据支持，使产品更贴近用户需求。

（5）支持业务决策。运营数据为管理层提供了决策支持，帮助其基于数据做出更加明智的业务决策。

3.6.2 运营数据的分类

运营数据主要分为以下几种。我们在设计相关模块的时候可以依据未来的分析和记录需求对其进行记录。

（1）用户活跃度数据。其包括日活跃用户数（DAU）、月活跃用户数（MAU）、留存率等指标，反映了用户对产品的黏性和活跃程度。

（2）转化率数据。其涵盖了从访问到采取特定行动（如注册、购买）的各个环节。

（3）性能监控数据。页面加载时间、响应时间、故障率等性能监控数据可以帮助产品团队优化产品性能，提升用户体验。

（4）财务数据。收入、成本、利润等财务数据是评估产品的经济效益和制定财务策略的重要依据。

（5）客户服务数据。客服咨询量、解决问题的平均时间、用户满意度等客户服务数据可用于优化客户服务流程和提升服务质量。

（6）市场营销数据。广告点击率、转化率、营销活动的投资回报率等市场营销数据是评估营销策略效果和优化营销投入的关键指标。

（7）产品功能使用数据。各产品功能的使用频率、用户反馈、功能的转化贡献等产品功能使用数据可用于指导产品功能的优化和迭代方向。

3.6.3　运营数据的特点

用户在互联网平台上的行为远比在传统业务环境下的行为更为多样和复杂，这要求产品团队不仅要收集这些数据，还要能够理解和分析这些行为背后的需求和偏好。

1．跟上产品的快速迭代

互联网产品的特点之一是快速迭代。产品的功能和形态可能会在很短的时间内发生变化，运营数据需要能够支持产品的快速迭代，快速识别用户对产品新功能的接受度、问题和改进建议。运营数据的即时性和有针对性对于互联网企业快速响应市场变化、优化产品功能至关重要。基于这一情况，产品团队通常在产品开发的阶段就要开始考虑运营数据的定义和收集，以保证在产品上线的第一时间就能获得用户对新功能的反馈。

2．跨设备联合分析

互联网运营的一个特征就是用户通过多个设备（如手机、电脑等）和多种渠道（如社交媒体、搜索引擎、直接访问等）与互联网产品互动。这种跨设备和多渠道的行为使得运营数据的收集和分析变得更加复杂。例如，产品团队需要将用户在手机与电脑等上的行为综合起来分析，跟踪和整合来自不同渠道的数据，以获得用户行为的全面视图。

3.7　用户线下行为数据

3.7.1　分析用户线下行为数据的目的

随着互联网服务范围的扩展，其服务的形式也从纯线上逐步转变为线上与线下相结合。对于结合实体服务的互联网产品，如 O2O 服务，用户线下行为数据的收集同样至关重要。分析用户线下行为数据的目的如下。

（1）补充用户个性化信息。通过收集并分析用户的地理位置、线下购物行为、活动参与情况等线下行为数据，结合在线行为分析，我们可为用户提供更加个性化的服务和产品推荐。

（2）开展线下营销。利用用户的线下行为数据，如参加特定活动的记录或特定地点的访问数据，实施场景化营销策略，可增强线下营销活动的相关性和吸引力。

（3）优化 O2O 服务。对于 O2O 服务，线下行为数据是优化服务流程、提升用户体验的关键。例如，通过分析用户线下地理位置和停留时间数据，可优化店铺布局。

3.7.2　用户线下行为数据的分类

用户线下行为数据可以通过相关的硬件进行采集，如用户通过 POS 机进行支付，也可以通过特定的渠道进行区分，如用户用手机扫描门店的活动二维码进行支付。但无论采用哪种方式，我们都要以用户为维度进行用户线下行为数据的收集。

（1）地理位置。该数据包括用户 ID、位置记录时间、地点类型（如餐厅、商场、办公室等）、停留时长。

（2）线下购买。该数据包括用户 ID、购买时间、商家 ID、产品 ID、购买数量、支付方式、实付金额。

（3）线下互动。该数据包括用户 ID、互动时间、互动类型（如产品试用、顾客服务）、互动结果（如满意度评分）。

（4）实体店访问。该数据包括用户 ID、访问时间、店铺 ID、访问时长、访问频次。

3.7.3　用户线下行为数据的特点

在分析用户线下行为数据时，需要注意以下几个特点。

1. 数据收集的难度大

与线上行为数据相比，用户线下行为数据的收集通常比较困难，需要依赖于位置技术（如 GPS、Wi-Fi 定位）或线下活动的记录。收集的用户线下行为数据往往还会存在错误、缺失等问题，需要专门的技术团队进行处理，才能保障分析质量。

2. 隐私保护的重要性

值得注意的是，与用户的线上行为数据不同，在处理用户线下行为数据，如地理位置数据时，需要格外注意法律和隐私问题。用户的地理位置数据属于敏感的个人隐私信息，未经用户授权，我们不应将其公开。如果用户的日常活动轨迹被公开，那么无疑会对他们造成伤害。因此，在分析用户的地理位置数据之前，需要获得用户的明确授权。此外，即便在用户授权的情况下，我们也不能直接透露具体用户的数据。

3. 跨渠道整合的挑战

同一个用户既可能在线下购买，也可能在线上浏览产品、下单，因此我们应将用户的线下行为数据与线上行为数据进行有效整合，构建全面的用户画像。这既是提升服务个性化和场景化的关键，也是数据分析过程中的一大挑战。一旦我们成功地将用户的线上行为和线下行为数据整合起来，就能显著提升对消费者的认知，建立起自己的竞争优势。

3.8　第三方数据

在前文中，我们探讨了互联网产品通过企业内部渠道收集用户行为数据和信息。然而，并非所有所需的数据都能通过内部渠道获得，如关于竞争对手的数据或整个市场的趋势分析。在这种情况下，我们通常需要依靠第三方数据。

3.8.1　分析第三方数据的目的

第三方数据为我们提供了来自外部的补充信息，当我们需要分析以下内容时，靠企业自身的数据已不足以得出结论，需要借助第三方数据。

（1）竞争对手信息。了解竞品的市场份额、产品特性、定价策略、用户评价、营销活动等数据对于企业制定有效的市场策略至关重要，可以帮助企业评估自己在市场中的位置。

（2）消费者洞察。关注目标市场的人口统计特征、消费习惯、购买力、品牌偏好等数据能够帮助企业更好地理解目标消费者，包括他们的年龄、性别、地理位置、收入水平及购买行为，从而使企业能够更精准地定位市场和制定营销策略。

（3）社交媒体情绪分析。通过分析品牌或产品在社交媒体上的提及频次、用户情绪倾向、热门话题，企业可以及时了解公众对其品牌或产品的看法，监控市场趋势，并据此调整市场策略。

3.8.2　第三方数据的分类

第三方数据的种类有很多，每一种都有其独特的价值和应用场景，我们需要依据不同的分析目的和步骤进行数据的获取和处理。第三方数据主要分为以下几种。

（1）市场研究报告。该数据包括行业趋势、市场规模、用户需求分析、竞争格局。

（2）社交媒体。该数据包括用户公开发表的内容、用户互动（如点赞、评论、分享等）、热门话题、影响力人物分析。

（3）公共数据集。该数据包括政府发布的统计数据、公共健康数据、经济指标、环境数据等。

（4）消费者行为。该数据包括购买历史、品牌偏好、消费习惯、支付方式，通常由市场调研公司或数据供应商提供。

（5）信用评分和金融记录。该数据包括用户的信用历史、贷款记录、支付行为，通常由金融机构或信用评分机构提供。

（6）竞品信息。该数据包括竞争对手的产品信息、价格策略、市场份额、用户评价，可以通过市场调研或专业的竞品分析服务获取。

3.8.3　第三方数据的特点

第三方数据能够为我们提供重要的补充信息，由于其具有特殊性我们需要在分析时特别注意。第三方数据的特点如下。

1．数据的准确性

由于数据完全由第三方机构提供，第三方数据的准确性是无法控制的，因此我们在选择数据来源时，不仅要考虑数据的多样性，还要深入评估每个数据来源的可靠性，了解数据提供方的声誉、收集和处理数据的方法、数据更新的频率等。对于市场研究报告，了解研究的样本大小、样本选择的方法和研究的时间范围是必要的。

2．数据的及时性

获取的数据要具有及时性，特别是对于快速变化的市场环境和用户行为，实时或近实时的数据监测尤为重要。但第三方数据也存在未及时更新的情况，为此，企业需要建立一套完善且高效的机制，确保能够及时获取和处理最新数据，以便快速响应市场变化。

3．数据的兼容性和整合性

很多时候，我们在进行数据分析时需要将第三方数据和企业自身的数据整合起来。为了有效应对数据整合这个挑战，企业需要在收集数据前规划好统一的数据格式和标准。这包括对数据的命名规则、格式、度量单位等进行标准化处理。

4．考虑数据获取成本

在获取第三方数据前，企业需要结合成本与分析结果评估数据对于企业决策和运营的潜在价值。这包括数据如何帮助企业增加营收、降低成本、优化用户体验等。评估后，企业要根据数据的价值和自身的使用需求，优化数据获取策略，考虑选择长期订阅还是按需购买，以及是否可以通过合作伙伴关系等方式降低数据获取成本。

第 **4** 章

理解业务流程：
数据分析的核心

4.1 理解数据分析中的业务三要素

当明确了数据分析的目的和所需数据后，我们就可以进入确认分析思路的环节。很多经验不足的分析师往往会在这时选择从现有数据出发而忽略了业务流程，导致选择了错误的分析方向，进而其得出的分析结果也不能很好地展现现状或指导决策。

数据分析不是为了走过场，要想分析结果具有实际价值，我们在确认分析思路时就必须首先理解公司的业务流程。只有这样，我们的分析结果才能帮助公司解决业务中的一个或多个问题。只有这样，我们的分析结果才能具有实际意义。

但理解公司的业务流程并不是一件简单的事情，有些具备多年工作经验的员工都不敢说自己对公司的业务有着全面的了解，对数据分析的初学者而言更是如此。

那么，我们应该如何理解看起来复杂的互联网产品业务流程呢？答案是学会化繁为简，找到业务流程的本质，即找到业务的脉络。无论是多么复杂的互联网业务，其重要的业务环节几乎都是以下 3 个。

- 吸引消费者打开产品使用（活跃用户数）。
- 尽可能地让更多活跃用户的需求得到满足（用户转化率）。
- 扩大产品的营收规模（营收规模）。

可以说，无论是多么复杂或多么简单的互联网业务，活跃用户数、用户转化率和营收规模都是必不可少的三要素。下面我们以拼多多为例，用这 3 个环节来梳理业务。

1．吸引消费者打开产品使用（活跃用户数）

作为一个线上购物平台，打开拼多多是最终用户完成购物的第一步。为了能吸引更多的活跃用户，拼多多甚至在产品的名字上就做了专门的设计，鼓励多个用户"拼起来"，拼着购买，并且提供了非常方便的内容分享方式。但是拼多多发现仅仅这样是不足以吸引足够多的用户的，因为每个用户邀请的用户人数是有限的。为了能让一个用户吸引来尽可能多的用户，拼多多上线了"砍一刀"的功能，相比拼着购买的方式，"砍一刀"能吸引来的新用户显然更多。虽然大多数被邀请的用户并不会直接购物，但至少接触并知道了拼多多。虽然这种方式因为其成功难度过高而引起不小的争议，但是仅就结果而言，的确起到了吸引用户打开产品（增加活跃用户数）的作用。

2．尽可能地让更多活跃用户的需求得到满足（用户转化率）

当用户打开拼多多时，必然是带着某种需求的，可能是购物，也可能是帮朋友点击一下"砍一刀"。但无论用户的需求是哪一种，拼多多都应该想办法让其得到满足。

为了更好地满足用户的需求，产品升级需要关注多个方面。特别是当用户的需求是购物时，升级后的产品应能帮助用户快速找到其想要的商品，且能使其方便地完成后续的地址填写与支付环节。

拼多多在这方面进行了大量的数据分析与产品升级的工作，其构建了搜索系统，让用户能依据关键词快速找到商品，并且拼多多在搜索结果列表页增加了筛选和排序的功能，让用户能进一步缩小浏览商品的范围。

除此之外，拼多多还升级了个性化推荐系统，让用户能在浏览搜索结果列表页时看到自己可能需要的商品，从而进一步提升用户转化率。

针对后续的地址填写环节，拼多多将之前用户购物时输入的地址记录了下来，让用户无须再次输入。

在支付环节，拼多多开发了小额购物免输入密码直接支付的功能，以尽可能地减少用户的流失，从而提升用户转化率。

拼多多的每一次思考和升级，都有大量的数据在支撑，这是提升用户转化率的关键。

3．扩大产品的营收规模（营收规模）

当拼多多吸引来足够多的用户，并且通过产品升级帮助用户完成购物行为后，接下来就需要思考如何扩大产品的营收规模了。

一般而言，公司的利润与营收规模呈正相关关系，即营收规模越大，公司获得的利润就越多。所以，投入资源用于扩大营收规模是值得的，拼多多也不例外。

扩大营收规模的方法有很多种，拼多多最开始选择的是向用户展现和推荐可能需要的商品，让用户在平台上购买尽可能多的商品，从而提升客单价。

客单价指的是用户在一定时间内购买的商品价格的总和，而不是指用户单次购买的商品价格的总和。例如，用户在一天内完成了 3 笔订单，平均每笔订单的商品价格是 100 元。那么平台的日均客单价就是 300 元，即所有订单营收的总和，而不是 100 元。

除此之外，拼多多在尽可能吸引足够多的活跃用户并提升其转化率的情况下，选择了售卖价格更高的商品，以提升客单价。

为了改变在用户心目中只售卖低价商品的印象，拼多多投入大量的资金发起了"百亿补贴"活动，使大量用户选择在拼多多上购买高价商品，大大提升了客单价。

在经过这一系列有效的工作后，拼多多的营收规模得到了显著扩大，成为中国主要的电商平台之一。

通过上述有效策略的实施，拼多多不仅能够吸引和保留更多的用户，还能有效提升用户转化率和客单价，最终实现总营收规模的扩大。当然，拼多多需结合数据分析和用户反馈持续调整和优化策略，以适应市场变化和用户需求的演进。

这就是一个互联网产品的典型业务流程，即使换成其他类型的产品，如即时通信产品，其逻辑也是一样的。即时通信产品需要采取策略吸引尽可能多的用户，也需要让用户的需求尽快地得到满足，之后还需要考虑产品的盈利问题，不断扩大产品的营收规模。

如果我们缺乏对这些业务流程的深度了解，即使熟练掌握了各种分析方法，在面对实际问题时，那么也必然会出现无从下手、为了分析而分析的情况。

接下来，我们将结合互联网公司实际的业务流程，向大家介绍三要素的具体含义和互联网公司围绕三要素所需开展的行动。

4.2　活跃用户数

4.2.1　理解活跃用户数

互联网公司将用户视为最宝贵的资产之一。用户规模既是衡量公司市场占有率的直接指标，也是评估公司产品的市场吸引力和竞争力的关键因素。在这个以用户为中心的时代，活跃用户数成了衡量互联网产品成功与否的重要标准。

活跃用户数是指在最近一定时间段内使用过产品的用户数量。这个时间段可以是一天、一周、一个月，甚至更长时间，具体取决于产品的性质和用户的使用习惯。因此，根据不同的统计周期，活跃用户数通常被细分为日活跃用户数（DAU）、周活跃用户数（WAU）和月活跃用户数（MAU）等几个关键指标。

1．日活跃用户数（DAU）

日活跃用户数是指在特定一天内使用过产品的独立用户总数。这个指标能体现用户对产品的黏性。例如，对于微信等日常通信工具，高 DAU 意味着用户每天都在使用这些工具进行沟通，可以显示出极高的用户活跃度和产品的不可或缺性。

2．周活跃用户数（WAU）

周活跃用户数是指在过去一周内至少使用过一次产品的独立用户总数。它是公司了解用户在一周内的产品使用模式的关键指标之一，适用于那些用户使用频率较为分散的产品。例如，健身 App 可能更关注 WAU，因为用户可能不会每天锻炼，但他们可能会在一周内使用几次该产品来规划或记录他们的健身活动。

3．月活跃用户数（MAU）

月活跃用户数是指在过去一个月内使用过产品的独立用户总数。这个指标适用于那些用户使用频率较低，但对于长期用户忠诚度和产品吸引力仍然非常重要的服务或产品。例如，旅行预订平台可能会关注 MAU，因为用户可能不会频繁旅行，但在计划假期时会选择使用该平台。

我们可以结合下面的例子来理解不同统计周期（见图 4.2.1）。

（1）张三和李四分别在 1 日和 7 日登录了 App，该 App 在 1 日和 7 日的日活跃用户数分别为 1。

（2）张三和李四在第一周登录了 App，该 App 在第一周的周活跃用户数为 2。

（3）在第一个月，张三、李四、王五登录了 App，该 App 在第一个月的月活跃用户数为 3，即使张三在该月登录了两次，也只被记为 1 个月活跃用户。

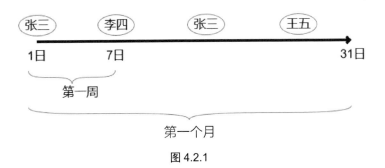

图 4.2.1

选择合适的统计周期对于理解用户行为和产品表现至关重要。不同的产品需要关注不同的活跃用户指标。

以微信为例，通信是用户几乎每天都需要做的事情。因此，DAU 成了衡量这类应用成功的关键指标，其直接反映了用户的黏性。所以，当微信的 DAU 持续增加时，就表明它成功地吸引了用户。相反，如果 DAU 下降，那么这可能是部分用户不再使用这个产品的信号，此时，微信需要进一步分析原因并采取措施。

而电商产品则不同，它们更需要关注 WAU，因为电商产品的用户不一定每天都需要买东西，但是他们通常会每周浏览商品。对电商产品来说，重要的是确保用户在一定周期内保持活跃，而不是每天都活跃。

除此之外，对于一些低频使用的服务，如电影票预订或旅游规划应用，MAU 是更为合适的衡量标准。这类用户可能只在特定的时间，如想要观看新上映的电影或计划一次旅行时，才会使用这些服务。通过跟踪 MAU，公司可以了解每个月有多少独立用户至少使用一次服务的情况，从而评估其产品的市场吸引力和用户基础的稳定性。例如，旅游规划应用的 MAU 可能在假期前后有显著的增长，这反映了季节性需求的变化和应用在满足这些需求方面的表现。

通过对这些不同的活跃用户数指标的监控和分析，互联网公司可以更深入地理解用户的需求和行为模式，从而优化产品设计，提升用户体验，提升用户黏性，最终实现用户规模的扩大和市场占有率的提升。

4.2.2　增加活跃用户数的常见方法

　　增加活跃用户数是互联网公司实现持续增长的关键。针对不同类型的用户，互联网公司需要采取定制化策略，通过具体且区分化的方法将非活跃用户转化为活跃用户，并维持现有活跃用户的参与度。

　　请注意，在这个过程中数据监控与分析起着至关重要的作用，从决策将重点放在哪一类用户上，到监控用户的每个活动或措施实施的效果并不断指导其进行调整，都需要数据的支持。针对不同的活跃用户，互联网公司可以采取不同的策略，以实现增加活跃用户数的目的。

　　1．沉睡用户的识别与唤醒策略

　　沉睡用户是指曾经使用过产品，但在最近一个周期内没有明显活跃行为的用户。针对这部分用户，我们可以采用以下两种策略。

　　（1）利用内容重新产生兴趣。对于沉睡用户，我们可以通过数据分析了解他们过去对哪些内容或产品感兴趣，然后发送相关的更新或改进通知。例如，如果一个用户之前频繁浏览意大利旅游预订的内容，那么我们可以向他推送关于意大利的旅游内容。

　　（2）提供个性化回归优惠。我们可以基于用户的历史购买记录或活动记录，提供个性化回归优惠。例如，电子商务平台可以为用户提供他们之前浏览但未购买商品的专属折扣。

　　2．流失用户的识别与召回策略

　　流失用户是指长时间不活跃且无法通过常规渠道被召回的用户。例如，有些用户可能因各种原因卸载了某些 App，对这些 App 来说，这些用户就成了流失用户。

　　用户流失是公司非常不愿意看到的事情，这意味着用户已经对产品失去了兴趣，不再需要本产品了。如果想让用户再次活跃起来，公司需要花费很大的成本，得不偿失。但是如果这类用户的数量非常大，那么公司依然值得投入资源进行尝试。主要有以下两种方式。

　　（1）反馈循环。主动联系流失用户，询问其停止使用产品的原因。基于这些反馈，公司可以向特定用户群体展示有针对性的改进或更新，以表明公司重视用户的意见并致力于改善。

（2）通知重大更新。当产品有了重大更新或改进，特别是直接解决了流失用户反馈的问题时，公司可以向这些流失用户发送通知。这种方式传达了产品正在更新的信息并鼓励用户重新评估产品。

（3）挖掘美好回忆。分析用户之前的行为数据，挖掘用户与产品的共同美好回忆，如用户曾经使用音乐软件循环播放一首歌，或者使用旅游预订产品完成了一次很棒的旅行。公司可以在引导用户回顾过去的同时鼓励其再次使用产品。

4.3　用户转化率

4.3.1　理解用户转化率

互联网产品的存在意义和价值是满足用户的需求，而用户转化率则是用户需求得到满足的比例。它是衡量互联网公司及其他业务成功实现其目标的关键性能指标，如打开电商 App 并完成交易用户的比例，或者打开微信并成功发送或阅读消息的用户的比例。

用户转化率直接反映了产品的可用性和易用性，和用户满足度呈非常明显的正相关关系，它还会间接影响活跃用户数。如果用户使用产品后需求得到了满足，那么当其再次有相同需求时会倾向继续使用该产品；否则，用户会倾向选择其他产品。

用户转化率计算公式为：

用户转化率＝（完成特定行为的用户数 ÷ 总活跃用户数）× 100%

需要注意的是针对不同的产品，完成特定行为的用户的定义是不同的。例如，用户使用微信成功发送了一条信息，这代表用户沟通的需求得到了满足，并不需要产生交易行为。但如果用户打开的是淘宝，即使成功向商家发送了一条信息，也并不意味着用户的需求得到了满足，他不能算作转化用户。因为淘宝需要满足的是用户的购物需求而不是沟通需求。

常见的用户转化率有以下几种。

（1）电商平台的用户转化率。它是指访问网站的用户中完成购买的比例。

（2）即时通信 App 的用户转化率。它是指完成新消息阅读或发送的用户比例。

（3）游戏的用户转化率。它是指成功开始玩游戏的用户比例，不要求用户完成所有游戏流程。

（4）支付产品的用户转化率。它是指成功进行支付或确认收款的用户比例。

（5）视频、音频内容产品的用户转化率。它是指超过一定连续浏览时间或进行内容互动（如点赞、评论或分享等）的用户比例。

（6）社交网络的用户转化率。它是指进行发布、评论或互动的用户比例。

（7）旅行预订平台的用户转化率。它是指访问平台的用户中完成任何形式预订（如酒店、机票等）的比例。

读者们可以尝试将自己平时接触或使用的互联网产品按以上形式进行归类，看看能否清楚地定义产品的用户转化率。

4.3.2　提升用户转化率的常见方法

每一个打开互联网产品的用户都是珍贵的，公司都为其耗费了一定资源。但是公司要做的不仅是让用户打开产品（这样并不直接产生价值），公司还要让用户使用产品以满足其需求。只有这样，公司才能逐步培养用户的忠诚度，实现收入的增长。

和增加活跃用户数一样，数据分析对于提升用户转化率也起到了至关重要的作用，以下是一些常见的提升用户转化率的方法。

（1）优化用户体验。要确保网站或 App 的用户界面简洁、直观。网站或 App 的加载速度快、导航清晰易懂可以显著提高用户的满意度，从而提升用户转化率。

（2）强化行动按钮。可以将按钮样式设计得醒目一些，如"下一步""支付"等，从而有效引导用户完成购买或注册等转化行为，并明确告知用户将获得什么。

（3）提供个性化体验。利用用户数据向用户提供个性化推荐和内容，可以显著提升用户转化率，如根据用户的浏览历史和购买记录推荐相关产品。

（4）简化流程。减少互联网产品使用过程中的步骤，可以降低用户中途放弃的可能性。从数据分析的角度而言，每个步骤都会让一定的用户放弃，且步骤越多用户放弃的可能性越大。

（5）利用紧迫感和稀缺性。通过限时优惠、限量产品等策略制造紧迫感，促使用户快速做出购买决定。这是电商平台的常用方式。但需要注意的是，该方式有可能会引起部分用户的不适，从而选择放弃。对此，公司要注意追踪用户本次的转化行为和是否持续活跃，利用用户数据实现提升用户转化率和维持用户活跃度之间的平衡。

（6）进行 A/B 测试。定期进行 A/B 测试，比较不同的页面布局、呼吁行动按钮设计和产品描述等因素对用户转化率的影响，以便找出最有效的策略。这也是一种必须有数据支撑才能实现的方法，当决策者对方案犹豫不决的时候，数据能为决策提供强有力的支撑。但是需要注意的是，每一次 A/B 测试都意味着部分用户使用了一个"不那么好"的方案。所以请不要滥用 A/B 测试，每次都应将其限制在一定范围内。

4.4 营收规模

4.4.1 理解营收规模

对互联网公司来说，用户规模不仅是衡量企业市场占有率的直接指标，还是推动营收增长的关键因素。用户规模的扩大往往意味着公司具有更广阔的市场前景和更大的营收潜力。然而，除了用户规模，公司还需要关注另一个关键指标——营收规模。

GMV（Gross Merchandise Volume，商品交易总金额）是衡量互联网公司营收规模的一个重要指标。GMV 的计算方式是将所有已生成订单的总金额加起来，即使订单还未付款被取消或退货，其金额仍会被计入 GMV。

为了帮助读者更深入地理解 GMV 的含义，请读者共同来思考一个问题：对于京东、阿里巴巴、腾讯这 3 家公司，哪一家的 GMV 最高？答案是京东。而这一现象与大多数人的认知并不一致，出现这一现象的根本原因在于公司的经营模式差异。

京东采用的是"直营模式"，这意味着它直接控制商品的采购和销售。这使其 GMV 通常包含了所有销售商品的金额。例如，消费者购买了一台价值 1000 元的电视机，京东的 GMV 就增加 1000 元。

而阿里巴巴的淘宝采用的是"平台模式"，在这种模式下淘宝的 GMV 则主要由卖家支付的广告费和交易佣金构成。例如，消费者在淘宝上购买了一台价值 1000 元的电视机，卖家为了提升曝光率向淘宝支付了 10 元的广告费，淘宝的 GMV 会增加 10 元而不是 1000 元。

因此，即使淘宝的实际商品交易总额很高，其 GMV 也可能远低于京东。

除此之外，我们还需要注意的另一个问题是营收不等于利润。有时候两者甚至不一定呈正相关关系。一些公司虽然营收高，但利润可能为负。例如，亚马逊虽然长期营收高，但其利润常常为负，原因在于亚马逊将获得的大部分利润重新投入公司的扩张和再生产中。赚的钱又花出去了，自然也就没有了利润。

4.4.2　扩大营收规模的常见方法

"用户规模""营收规模"这两个关键指标主要用于衡量互联网产品的规模是否"足够大"。然而，衡量一个产品是否盈利的关键是其"营收规模"。扩大营收规模是企业的关键目标之一，面对不同的用户和产品形态，各家互联网公司也采用了不同的方法来扩大营收规模。当然，无论采用哪种方法，都离不开数据分析。

（1）进入新市场。寻找之前没有进入的市场，尤其是与企业现有业务相辅相成的市场。例如，腾讯在即时通信工具市场站稳脚跟后，开始为用户提供游戏服务，让用户能直接使用 QQ 号登录游戏，并且能方便地邀请 QQ 好友共同游戏。

（2）调整价格策略。根据市场需求、竞品定价灵活调整价格策略。例如，滴滴和美团在天气不佳时会收取更高的服务费用，因为这时候用户的需求旺盛，他们愿意花更高的价格购买平台所提供的服务。

（3）鼓励用户消费。例如，当用户完成机票的预订后，携程等旅行预订平台会向其推荐相关的服务，如询问用户是否需要酒店预订和接机服务，一次性解决用户多项需求。又如，一些售卖会员卡服务的网站会对时长较长的会员卡进行打折处理，以吸引用户购买。

（4）拓展渠道和合作伙伴关系。开发和利用多种销售渠道，包括在线销售、分销合作伙伴和直销。例如，百度与众多当地销售和运营公司合作，拓展了销售渠道。

企业可以采用以上方法来有效扩大营收规模，增强市场竞争力。重要的是，企业需要持续监控市场动态和内部运营效率，灵活调整策略以应对市场变化。

第 5 章

数据分析方法：
五招快速上手

当我们完成了数据分析的目标确认、数据获取，并且理解了数据分析中的业务三要素后，就可以进行数据分析了。

看到这里，相信很多读者已经可以理解为何本书不直接从具体的数据分析方案入手了。

事实上，在开始具体的数据分析之前，我们需要确保准备工作已经完成，这包括设定清晰的目标、深入理解业务流程、获取全面的数据。这些准备工作对于后续数据分析的成功至关重要。正如写诗一样，诗的精髓不仅在于文字，还在于写诗的背景和目的、诗的结构、诗人的丰富经验。这些要素相辅相成，共同构成了一首优秀的诗。

此外，当我们开始分析大量的数据后会发现，数据分析不仅是一门科学，也是一门艺术。它需要我们在实践中不断思考、试验和创新。通过反复的练习和实践，我们可以在数据的海洋中迸发出灵感，发现深藏的洞察和价值。

前人的经验，以及对固有模式的深刻理解和总结是数据分析非常重要的基础。但同时，作为分析师，我们也要通过实践来探索新方法，以更快、更好地完成数据分析这一项工作，并逐步建立个人的认知，积累经验和心得。

下面我们将详细介绍各种数据分析方法，这些方法可以被用于日常数据分析的绝大多数场景。

5.1　数据分析第一招：看变化

5.1.1　什么是看变化

世间万物无时无刻不处在变化之中，互联网公司的业务也不例外。业务究竟朝着什么方向发展是一个很重要的问题。

为了找到这个问题的答案，我们需要通过比较不同时间点同一维度的指标，这就是"看变化"。通过"看变化"，我们可以识别和理解业务发展的趋势、波动或发展方向。

5.1.2　变化数与变化率

1．变化数

变化数用于衡量两个时间点之间某项指标的绝对变化量。它提供了一种直观且易于理解的数据展示方式，使我们可以了解业务表现在不同时间点的具体变化情况。

2．变化率

变化率是基于变化数、衡量数据变化的相对速度或幅度的指标，通常以百分比的形式表示。它表示的是某项指标从一个时间点到另一个时间点的变化量占原始值的比例。变化率不仅显示了数据的变化量，还反映了这种变化在整体中所占的比重，为我们提供了衡量增长速度或下降速度的重要视角。

3．计算方法

变化数与变化率的计算公式分别如下。

$$变化数=后期数据-前期数据$$

$$变化率=（后期数据-前期数据）÷ 前期数据×100\%$$

假设在过去 3 年里，某公司 App 的商品交易总额（GMV）数据如下。

- 2019 年，GMV 为 1 亿元。
- 2020 年，GMV 增长到了 1.3 亿元。
- 2021 年，GMV 再次增长，达到了 1.6 亿元。

（1）变化数简单来说就是业绩增长了多少。从 2019 年到 2020 年，公司的 GMV 增长了 0.3 亿元（1.3 亿元－1 亿元），如图 5.1.1 所示。从 2020 年到 2021 年，公司的

GMV 同样增长了 0.3 亿元（1.6 亿元 – 1.3 亿元）。

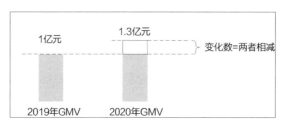

图 5.1.1

（2）变化率反映增长的速度。从 2019 年到 2020 年，变化率是 30%（0.3 亿元 ÷ 1 亿元 × 100%），如图 5.1.2 所示。从 2020 年到 2021 年，变化率下降到了 23.08%（0.3 亿元 ÷ 1.3 亿元 × 100%）。

图 5.1.2

通过这两个指标，我们可以看到，虽然从 2019 年到 2021 年该公司 App 的 GMV 每年都增长了 0.3 亿元，即变化数都是一样的，但变化率从 30% 下降到了 23.08%。通过这些数据，我们很容易就能了解业务发展的趋势：尽管 GMV 持续增长，但增长的速度在放慢。这可能意味着市场竞争加剧，或者该公司 App 的市场份额已经接近饱和。

4. 变化数与变化率适用的分析场景

变化数直接反映了数据在一定时间段内或两个不同数据点之间的绝对增减量。通过计算变化数，我们能够了解数据的实际增减情况，这是了解数据变化趋势的基础。当我们关注实际的增长量或减少量时，变化数能够提供明确的数字差异。

通过计算变化率我们可以理解数据变化的趋势和速度，当我们需要进行跨时间段的数据比较时就可以使用变化率。

5. 注意选择适当的统计周期

无论是计算变化数还是计算变化率，都需要选择合适的统计周期。不同的统计周期可能会导致完全不同的分析结果和解释。

短周期（如日或周）可以捕捉即时变化，适合评估短期活动的效果。长周期（如月、季度或年）则更适合观察长期趋势和周期性变化。

在选择统计周期时，我们还需要考虑数据的季节性变化和特殊事件的影响。例如，零售业在节假日销量可能会有明显的增长，这需要在分析时加以区分和解释。

5.1.3　环比与同比

在掌握了基础的数据分析方法后，接下来我们就可以探讨更为复杂的分析场景。

以公司业务在春节期间的表现为例：对公司业务来说春节期间是最重要的销售时间段，请分析连续 3 年春节期间公司 GMV 的变化趋势。

这里我们不再选择以"年"为统计周期，而是聚焦于"春节"这个具有特殊意义的时间段。那么，比较对象就从"相邻、连续的时间段"变成了"具备相同特征但可能不相邻的时间段"。

这里就涉及两个很重要的概念：环比与同比。两者的分析方法不同，适用场景也不同，如图 5.1.3 所示。

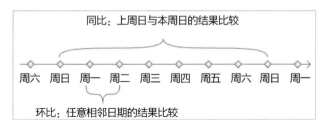

图 5.1.3

1. 环比

环比关注连续时间段之间的数据对比。例如，我们可以比较本月与上个月或本周与上周业务的 GMV 数据。环比分析有助于我们快速捕捉近期业务动态，预测短周期业务发展趋势。

2. 同比

同比通常用于比较具有相同特征但不一定连续的时间段之间的数据。例如，我们可以比较 2020 年、2021 年和 2022 年春节期间业务的 GMV 数据。同比分析有助于我们评估业务在相同季节性因素下的表现，从而准确理解长周期业务发展趋势。

3．计算方法

无论是环比分析还是同比分析，计算公式都如下。

$$环比（同比）=（本期数据 － 上期数据）÷ 上期数据×100\%$$

它们的区别在于所选数据的统计周期。环比分析关注连续的时间段，同比分析则关注特征相同的时间段。

4．环比和同比各自适用的分析场景

（1）环比适用的分析场景。

环比适用于评估特定事件对业务的即时影响。我们可以通过比较特定事件发生前后的关键数据来评估事件对业务的具体影响。

例如，针对某旅游 App 推出的一天促销活动，我们可以通过比较该促销活动上线前 7 天、上线 7 天的数据来评估其影响。

活动数据如表 5.1.1 所示。

表 5.1.1

时　　间	活跃用户数（人）	GMV（元）
上线前 7 天	4356	87,900
上线 7 天	8742	128,000

对比表 5.1.1 中的上线前 7 天和上线 7 天的数据，我们发现活跃用户数和 GMV 都有了明显的增长。

如果没有额外的干扰因素，我们就可以认为该促销活动促进了业务增长。

思考：为什么比较的是活动上线前 7 天和上线 7 天的数据，而不是活动上线 1 天的数据？

答案：用户在周末和工作日的需求可能会有较大差异，最终会体现到数据上。如果只将活动上线前 1 天和上线 1 天的数据进行对比，则可能比较的是周末与非周末的数据，这会对分析结果造成干扰。

（2）同比适用的分析场景。

同比则适用于比较具有特殊性的时间段的分析场景。例如，如果我们要评估某旅游 App 在国庆节期间的促销活动效果，就不能使用环比，而需要使用同比。这是为什

么呢？下面我们实际操作一下。

我们先选取活动上线前 7 天和上线 7 天，即国庆节前 7 天和国庆节期间的数据进行对比，如表 5.1.2 所示。

表 5.1.2

时　　间	活跃用户数（人）	GMV（元）
国庆节前 7 天	4300	87,900
国庆节期间	38,700	728,000

如果采用环比的分析方法，那么我们可以得出"本周相比上周活跃用户数上涨800%，促销大获成功"的结果。

但需要注意的是"国庆节对旅游业来说是一个非常特殊的日期"，每年到了这个时间，数据一般都会快速增长。

如果不关注这个统计周期的"特殊性"，接着分析下去，则最终很容易得出错误结论：这 800% 的增长是由促销活动带来的。但实际上可能并非如此。

那么，问题来了。

问题 1：如果不进行促销活动，那么活跃用户数是否也能上涨 800%？

问题 2：如果进行促销活动，那么有多少活跃用户数是促销活动带来的？

由于统计周期具有特殊性，因此我们就得使用"同比"而非"环比"进行比较了。

当使用同比的分析方法时，我们需要将前年和去年的国庆节期间的数据作为"参照物"，如表 5.1.3 所示。

表 5.1.3

时　　间	活跃用户数（人）	活跃用户数较前 7 天增幅（%）	是否上线促销活动
前年国庆节期间	14,000	506	否
去年国庆节期间	23,000	501	否
今年国庆节期间	38,700	800	是

从表 5.1.3 中可以看出，当我们没有在国庆节期间上线促销活动时，活跃用户数的增长在 500% 左右。

那么，我们就可以得出如下结论。

结论 1：如果不上线促销活动，活跃用户数就无法实现 800% 的增长。

结论 2：促销活动在国庆节期间带来了活跃用户数约 300% 的增长（800% 的最终

增长减去约 500% 的自然增长）。

（3）无论是同比还是环比，都需要注意统计周期的选择。

在进行环比分析或同比分析时，选择合适的统计周期至关重要。进行对比的数据的统计周期必须相同，以确保对比的有效性和结果的可靠性。

试想一下，假如没有选择相同的"统计周期"，将 1 年的结果与 1 天或 1 秒的结果进行比较，去看变化，这样的对比是没有意义的。

此外，我们还要留意所选择的统计周期是否包含了特殊时间段，避免出现两个统计周期存在无法比较的情况。例如，我们选择将 11 月的销量和 12 月的销量进行对比，由于 11 月含有"双 11"促销的销量，会对数据造成较大影响，所以我们不能简单地得出"12 月的销售工作做得不好，导致 GMV 大幅下降"的结论。

5.2　数据分析第二招：做比较

5.2.1　什么是做比较

做比较，指的是通过对比两个不同的事物，发现它们的差异并得出分析结论。例如，对比本公司产品与竞品的客单价数据就是做比较。

请注意：做比较、看变化很相似，但区别在于参照物不同，做比较是将分析对象和"别人"进行比较，看变化是将分析对象和过去的"自己"进行比较。从图 5.2.1 和图 5.2.2 中我们可以看出两者的区别。

图 5.2.1

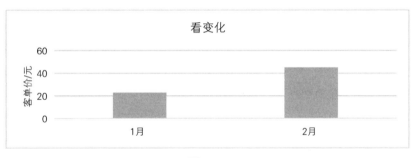

图 5.2.2

5.2.2　参照物的选择

假如公司去年的 GMV 为 100 万元，前年的 GMV 为 80 万元，竞争对手去年的 GMV 为 120 万元，那么请判断公司去年的目标是否达成。

显然，这个问题的关键在于目标是什么，是相比去年更好，还是超越竞争对手？也就是我们需要找到对比的参照物。

一般而言，对比的参照物取决于分析的目标，而通过做比较的分析方法一般可实现以下 3 种分析目标。

- 目标达成情况：直接比较公司去年的 GMV 与设定的目标。若公司的目标是 GMV 增长 10%，则从 80 万元增至 100 万元（增长 25%）意味着目标已超额完成。
- 竞品对比：将公司的 GMV 与竞争对手的 GMV 进行比较。若竞争对手的 GMV 为 120 万元，而公司的为 100 万元，则表明公司在市场竞争中处于劣势。
- 市场占有率情况：在市场背景下评估公司表现。如果整个市场的 GMV 增长了 40%，而公司的 GMV 增长了 25%，即便超过了去年的业绩，也可能意味着市场份额下降。

在公司的不同发展阶段，分析的策略和重点也会有所变化。这一过程不仅涉及产品本身的优化和改进，还包括对市场动态的敏感捕捉，以及对竞争对手的深入分析。

（1）在产品初创阶段，分析重点在于解决自身问题，以实现提升业绩，达到甚至超越市场领先者的水平。在此阶段，公司应专注于自我改进，和自己比，分析目标达成情况。

（2）当产品已经具备一定的竞争力时，公司应关注竞争对手，分析彼此的差距和不足，以便在竞争中快速进步。

（3）当产品已经占有一定市场份额，即产品在市场上占据一定地位时，公司应关注整个市场的发展趋势，考虑是否能够引领市场变革。

接下来，我们将分别针对 3 种分析目标详细介绍做比较的数据分析方法。

5.2.3　目标达成情况

针对项目目标达成情况的分析，不能只在项目结束后进行。特别是对于一个周期较长的项目，我们需要在项目的不同阶段都及时对目标达成情况进行分析。只有这样才能及时发现项目出现的问题，从而采取应变措施。

而在项目的不同阶段，选择对比的参照物也各不相同。

- 当选择项目前分析时，参照物为项目的最终目标，通过比较项目初始数据与目标数据，确定需要填补的差距。在了解这些差距之后需要通过一个个项目完成填补。
- 当选择项目中分析时，参照物为项目的阶段性目标，需要关注当前数据与目标数据的差异，看看两者的差距是否在缩小，并判断如果按目前的发展趋势，目标能否完成。
- 当选择项目后分析时，参照物为项目的最终目标，确定项目是否达成目标，若未达成，则需确认两者的差距。

在以上 3 种分析中，项目前分析和项目后分析比较简单，因为参照物非常明确，通常分析以下两种情况。

项目前分析的计算方式如下。

$$现状与目标的差距=目标\ GMV-该年\ 1\ 月\ 1\ 日\ GMV$$

项目后分析的计算方式如下。

$$结果与目标的差距=该年\ 12\ 月\ 31\ 日\ GMV-目标\ GMV$$

而由于项目中分析的参照物会随着时间的变化而变化，情况会变得比较复杂一些。

例如，当项目进行了 1 个月和 10 个月时，需要达成的"阶段性目标"肯定是不同的。

项目中分析的难度取决于如何选择合适的"阶段性目标"，以评估"按目前的发展趋势，目标能否达成"。

项目进行中的"阶段性目标"有两种拆分方式，线性拆分与依据历史规律拆分，分别适用于不同的情况。

1．线性拆分（适用于关键指标预期均匀增长的情况）

（1）将目标均匀划分至每个阶段。

（2）将每个阶段的 GMV 目标和时间组成一个二维坐标。

（3）将每个阶段的 GMV 目标挨个连起来，如图 5.2.3 所示。

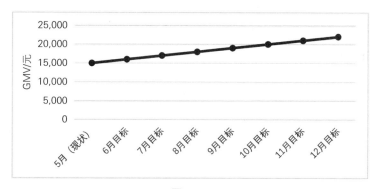

图 5.2.3

（4）最后，我们可以将阶段性的实际 GMV 结果标注在图中，这样就能很清晰地知晓某个阶段的实际 GMV 结果是超出预期的还是落后预期的，如图 5.2.4 所示。

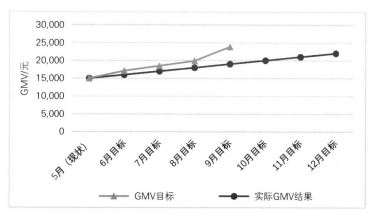

图 5.2.4

2．依据历史规律拆分（适用于业务增长不均匀，但是具备某种季节性规律的情况）

（1）观察 GMV 在每个月的分布是否存在规律。

（2）若存在规律，则统计出目标与实际 GMV 的差距，然后按往年 GMV 分布的规律将差距分摊到每个月。

（3）将每个月分摊到的增长目标加上该月的目标值，定出每个月最终的目标值，如图 5.2.5 所示。

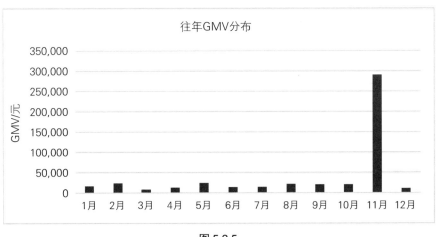

图 5.2.5

（4）将实际 GMV 数据加至列表，可方便对比本年度 GMV 的完成情况，如图 5.2.6 所示。

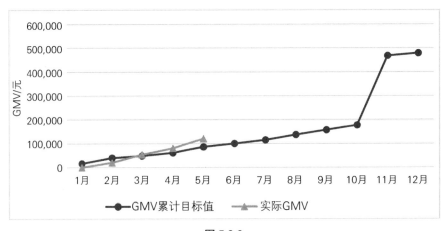

图 5.2.6

> **小贴士：现状与目标的差距为负数**
>
> 在项目前分析中，可能出现一种少见的情况：现状与目标的差距为负数（现状数据比目标数据更高）。
>
> 某些处于衰退期的产品常出现这种情况。每年的关键指标都在大幅下降，很难在一年内彻底扭转局势，所以可以将下一年的目标定为让下降的趋势减缓，如图 5.2.7 所示。

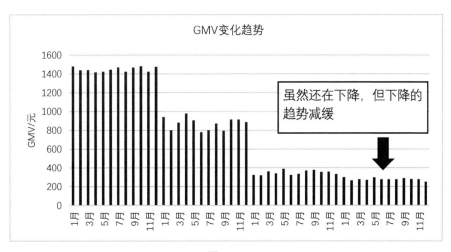

图 5.2.7

5.2.4　竞品对比

竞品对比，即衡量自己与竞争对手之间的差距，可以比较某些特定的数值，如营收规模或活跃用户数，也可比较双方的综合实力。

之所以要进行竞品对比，是因为公司面对的是一个充满竞争的市场，要想在充满竞争的环境中胜出，仅仅战胜自己并不够，公司还需要应对竞争对手和整个市场的挑战。所以，完成了对目标完成情况的分析之后，必须进行竞品对比。

在市场环境中，识别竞争对手至关重要。硅谷中的公司常用"Player（玩家）"来形容市场中的参与者，将市场竞争比喻为一场游戏。通常，在充分竞争市场中最终只会留下少数几个"玩家"，其占据了市场的大部分份额。

在进行竞品对比时，公司需要根据自身在市场中的地位采取不同的策略。行业领导者应专注于保持市场份额，通过持续的技术创新和优化用户体验来保持领先地位。

行业追赶者则应找到行业领导者未能覆盖的需求，提供差异化的产品或服务，并专注于特定的市场细分领域，通过控制成本提升产品的性价比。而对于行业新进入者或小型竞争者，通过创新和快速迭代的产品或服务来打破市场常规，同时利用社交媒体等低成本渠道提升品牌知名度，是获得市场关注和提升竞争力的有效方式。但无论处于哪种地位，公司都需要灵活调整策略以适应不断变化的市场环境。

那么，怎样进行竞品对比分析呢？具体的步骤如下所述。

1. 确定关键指标

竞品对比可以有很多维度。

由于每家公司都有自己的缺点和优点，如有的公司业务庞大，有的公司业务灵活，有的公司利润高，因此如果不确定对比的关键指标，那么很难得出比较结果。

互联网公司之间进行竞品对比分析选择的关键指标主要包括活跃用户数、转化率、GMV、利润。公司可以根据当前所处的市场竞争阶段，选择合适的指标，如图 5.2.8 所示。

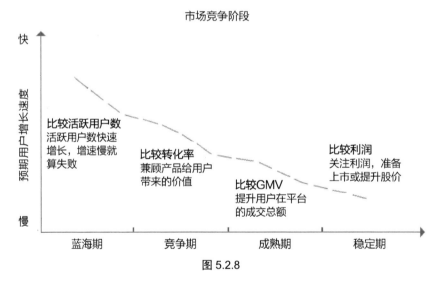

图 5.2.8

（1）在市场空间广阔的蓝海期，增加活跃用户数是关键。在这个阶段，GMV、利润等都不是合适的指标，重要的是让更多用户使用自己的产品，活跃用户数是关键指标。

（2）当市场进入竞争期，大量的用户开始使用该类型的产品，此时公司就需要将转化率作为关键指标。这意味着产品需要满足用户的需求，否则用户只是打开产品随便看一看，并不会产生实际价值。

（3）当市场基本成熟时，公司进行竞品对比选择的关键指标就应变成 GMV。因为这时候在平台交易的用户已经完成了几笔交易，每笔交易的价格也基本稳定，此时，公司应注重提升用户在平台的交易总额，以实现 GMV 增长。

（4）当市场进入稳定期后，公司应停止野蛮式的扩张，开始关注如何降本增效，以实现利润增长。

2．获取数据

确定了关键指标后，公司的数据分析师便需要获取数据。而其往往会在这时遇到难题。尽管公司内部的数据容易获取，但竞品数据往往难以直接获取。这种情况就像我们准备做菜时缺少食材，只能感叹一声"巧妇难为无米之炊啊"！

正如一名优秀的厨师总能找到合适的替代品，在数据分析领域，能否在无法直接获取想要的数据的情况下找到替代数据，是检验数据分析师能力的关键。如果数据分析师懂得变通，而不是机械地按照各种现成的方法论执行，那么也能找到合适的路径，获取数据。

那么，如何获取竞争对手的数据呢？

（1）上市公司的财报。

上市公司定期发布的财报是进行市场竞争分析和理解行业趋势的重要途径。

首先，这些财报通常包含公司详细的财务信息，包括收入、利润、资产和负债情况等。这些信息对于评估公司的财务健康状况至关重要。例如，通过分析营收和利润，可以判断公司的业务增长态势及盈利能力。

其次，财报中的运营数据（如销售量、市场份额、成本结构等）能够揭示公司的运营效率和市场地位。

最后，财报中可能还包含公司管理层对市场机遇的讨论，获取这些信息有助于数据分析师预测行业趋势和了解竞争动态。

图 5.2.9 所示为苹果公司财报的部分内容。

Apple Inc.

CONDENSED CONSOLIDATED STATEMENTS OF OPERATIONS (Unaudited)
(In millions, except number of shares which are reflected in thousands and per share amounts)

	Three Months Ended		Six Months Ended	
	March 26, 2022	March 27, 2021	March 26, 2022	March 27, 2021
Net sales:				
Products	$ 77,457	$ 72,683	$ 181,886	$ 168,361
Services	19,821	16,901	39,337	32,662
Total net sales	97,278	89,584	221,223	201,023
Cost of sales:				
Products	49,290	46,447	113,599	108,577
Services	5,429	5,058	10,822	10,039
Total cost of sales	54,719	51,505	124,421	118,616
Gross margin	42,559	38,079	96,802	82,407
Operating expenses:				
Research and development	6,387	5,262	12,693	10,425
Selling, general and administrative	6,193	5,314	12,642	10,945
Total operating expenses	12,580	10,576	25,335	21,370
Operating income	29,979	27,503	71,467	61,037
Other income/(expense), net	160	508	(87)	553
Income before provision for income taxes	30,139	28,011	71,380	61,590
Provision for income taxes	5,129	4,381	11,740	9,205
Net income	$ 25,010	$ 23,630	$ 59,640	$ 52,385
Earnings per share:				
Basic	$ 1.54	$ 1.41	$ 3.65	$ 3.11
Diluted	$ 1.52	$ 1.40	$ 3.62	$ 3.08
Shares used in computing earnings per share:				
Basic	16,278,802	16,753,476	16,335,263	16,844,298
Diluted	16,403,316	16,929,157	16,461,304	17,021,423

图 5.2.9

（2）咨询公司的报告。

咨询公司的报告在数据分析和市场研究中扮演着至关重要的角色，也是我们获取竞争对手和市场趋势信息的重要途径之一。这些报告通常由专业咨询机构如麦肯锡、波士顿咨询、德勤等公司编制，其拥有深入调研市场和行业的专业团队，能够提供高度准确和全面的数据。

咨询公司的报告提供了关于市场规模、增长趋势、消费者行为和偏好等全面的市场分析内容。通过报告，我们可以了解市场特定市场的增长速度、潜在的市场机会及用户的核心需求，从而调整和优化市场策略。

这些报告常常还包含行业专家的见解，这对于理解行业发展趋势和动态至关重要。我们可以利用这些见解来预测未来市场的变化，并据此调整长期市场战略。

然而，值得注意的是，尽管咨询公司的报告为我们提供了宝贵的信息，但它们可能并不总是完全适合所有公司。我们需要结合公司的具体情况和内部数据来解读这些报告。此外，获取这些报告通常需要昂贵的费用，这对预算有限的小型公司来说可能是一个挑战。

3. 与竞争对手比较

在确定了比较的关键指标并获取到竞争对手数据之后，我们就可以与竞争对手比较，并对相关数据进行深入分析。

这里分析的目标是得出两个主要结论：关键指标之间的差距及这些差距的变化趋势。

例如，对比本公司产品与竞品的 GMV，就可以按以下格式进行。

（1）分析对象：GMV。

（2）比较周期：2023 年。

（3）具体指标：本公司产品年度 GMV 数据、竞品年度 GMV 数据。

（4）双方差距：本公司产品 2023 年 GMV 为 4000 万元，比竞品少 20 万元。

（5）差距变化数：20 万元，但差距从上一年（2022 年）的 70 万元下降到了 20 万元。

（6）最终结论：虽然仍落后于竞争对手，但差距正在逐渐缩小。

5.2.5　市场占有率

如果有一家销售服务旅游场景的互联网产品的公司，其在年末盘点的时候，发现自己的主要指标已经成功超越了所有竞争对手，这是否意味着这家公司的业务情况良好，前途一片光明？

答案是：不一定。实际上，受各种因素的影响，旅游市场有时会出现急剧萎缩，导致本公司主要指标即便超越竞争对手，也会面临业绩的大幅下滑。所以，超越竞争对手并不是衡量公司业务情况的唯一标准，还需要考虑到市场占有率。

针对不同的市场，分析市场占有率的侧重点并不相同，所以，对于不同的情况，可以从以下维度入手。

1．活跃用户数占有率

活跃用户数占有率是衡量互联网产品及应用服务的市场占有率的重要指标，特别是对社交媒体、在线游戏、内容平台等服务而言。它指的是公司产品的活跃用户数（如日活跃用户数、月活跃用户数）在目标市场总活跃用户数中的比例。活跃用户数占有率直接反映了公司产品在目标用户群中的普及程度和吸引力，是评估用户基础稳定性和市场吸引力的关键因素。

2．售卖数量占有率

对实体商品和部分服务（如软件许可证销售）而言，售卖数量占有率是衡量其市场占有率的直接和重要指标。它是通过比较公司产品的销售量与整个市场的总销售量而得出的，反映了公司产品在市场中的竞争力和用户的接受度。售卖数量占有率的提高通常意味着公司在市场竞争中的地位有所提升，或者是品牌认知度、产品质量或价格竞争力有所提升。

3. 营收市场占有率

对吸引用户消费或成交的产品而言，营收市场占有率是一个非常重要的指标，它是指公司产品的销售额在整个市场中所占的比重。这个指标反映了公司在市场中的经济影响力和商业成功程度，同时也直接体现了公司的财务状况和盈利能力。营收市场占有率的提升不仅意味着公司能吸引大量用户或实现高转化率，而且表明公司能有效地将市场份额转化为营收，这可能是因为公司拥有较强的产品定价能力、较优的品牌价值、优质的用户服务或较强的成本控制能力。

5.3　数据分析第三招：做拆分

5.3.1　什么是做拆分

通过"看变化"和"做比较"，我们能够掌握变化的情况和结果。然后，下一个问题也会随之而来：为什么会发生这样的变化？

正所谓"知其然"，亦要"知其所以然"。"看变化"和"做比较"可以帮助我们了解变化的结果，"做拆分"则可以帮助我们理解变化背后的原因。

在分析复杂的数据变化情况时，我们可能需要面对众多的问题，它们交织在一起，犹如一个错综复杂的问题网，让我们难以找到明确的分析思路。

为此，我们需要将复杂的问题网拆分成若干个简单的小问题，逐一分析。而合理的拆分方式能让我们轻松地完成这一过程。

在进行互联网数据分析时，拆分方式有很多种，本部分将对以下几种常见的方式进行介绍。

（1）按用户访问渠道拆分。

（2）按地理位置拆分。

（3）按用户属性拆分。

5.3.2　按用户访问渠道拆分

1. 什么是用户访问渠道

在互联网行业，用户访问渠道是指用户打开或使用网站、App 或其他在线服务的途径或媒介。以京东为例，其用户可能通过百度搜索引擎、微信小程序、营销短信等渠道打开京东商城。这些都是用户访问渠道。

常见的用户访问渠道有以下几种。在实际的数据分析中，我们可以先罗列出一个产品的所有渠道，再观察各个渠道的用户数量变化，最后找出活跃用户数变化的原因。

（1）自然流量。它是指无须做额外工作即可获得的流量，其主要分为以下几类。

- 主动访问。用户直接访问公司网站或 App，而不是通过其他间接渠道。
- 主动搜索。用户在搜索引擎中输入关键词，点击搜索结果进入公司网站。
- 通过信息聚合网站。用户在浏览信息聚合网站时点击链接，浏览公司产品。例如，早期的导航网站。
- 通过应用市场。用户在应用市场下载并打开公司 App。
- 通过微信小程序。用户通过小程序访问公司网站。
- 通过自媒体（短视频、公众号文章）。用户在浏览自媒体内容时，被推荐访问公司网站或 App，无须支付营销费用。
- 通过其他渠道。除上述之外的其他特殊渠道。

（2）营销触达。它是指通过购买广告获得的流量，用户点击广告后访问。目前市场上的营销平台主要有如下几个。

- 短信触达。通过给用户发短信的方式，让用户通过短信链接访问公司网站。
- 搜索引擎广告。如在百度、搜狗等搜索引擎中，通过购买关键词广告获得展现机会，最终吸引用户点击并访问公司网站。
- 社交媒体广告。如通过购买微信、微博等社交媒体广告位进行推广。
- 视频平台广告。如在优酷、爱奇艺等视频平台中，通过视频播放前展示的广告吸引用户点击。
- 电商平台广告。如在淘宝、京东、天猫等电商平台中，在成为平台卖家后，再通过购买平台广告位进行推广。
- 内容平台广告。如与抖音博主、微信公众号文章作者等合作，通过向其支付费用进行推广。

- 移动应用平台广告。如在小米应用商店、苹果 App Store 等中，通过应用推广和广告吸引用户下载。

- 广告联盟广告。与以上平台相比，这是一种非常特殊的方式。广告联盟本身没有任何的用户和流量，广告联盟通过接入网站或 App 的广告位与广告主之间进行交易撮合，从而帮助推广互联网产品。

- 线下广告。如在地铁、公交站、商场等公共场所投放海报、横幅或 LED 屏幕广告，直接触达潜在用户，提升品牌知名度并引导用户访问公司网站。

（3）社交裂变。

社交裂变就是通过鼓励用户分享给他人来吸引新用户。部分用户分享是出于获取某种利益（如金钱或权益）的动机，还有一些用户则是纯粹的主动分享。例如，拼多多的"砍一刀"活动就是典型的社交裂变。

2. 按用户访问渠道拆分示例

当需要分析活跃用户数的变化时，按用户访问渠道拆分是最常采用的方法之一。在很多情况下，活跃用户数之所以发生变化，是因为某些渠道的活跃用户数发生了变化，我们按上文中列举的用户访问渠道对用户来源进行拆分后，通过观察就能快速找出活跃用户数变化的原因。

例如，最近一周某互联网产品的活跃用户数比上周新增了 10 万人左右，需要分析变化的原因。我们尝试按用户访问渠道来进行拆分。

通过观察表 5.3.1，我们可以很容易地发现，活跃用户数变化最多的是搜索引擎广告，这个渠道比上周新增了9.8 万余人，对活跃用户数的变化影响最大。

表 5.3.1

流量分类	具体渠道	活跃用户数变化（人）
自然流量	主动访问	−2527
	应用市场	+1549
营销触达	线下广告	−2890
	搜索引擎广告	+98,913
	社交媒体广告	+3707
社交裂变	"砍一刀"	+3436

与传统行业相比，互联网产品的用户访问渠道隔几年就会经历一次重大变化，在不同的时代，随着用户的迁移，用户访问渠道也会随之发生变化，具体如下。

（1）门户时代。

在 20 世纪 90 年代，互联网开始得到大规模普及的时候，用户需要先通过报纸、杂志等传统媒体获得网址，再凭借记忆或用手写的方式将这些网址记录下来，最后将记录下的网址手动输入浏览器中进行访问。此时的互联网产品主要是各种门户网站，如新浪、搜狐、网易等。

如果其他的网站想吸引用户就需要在门户网站上投放广告，那时候的广告位主要以固定位置、固定时间段的形式进行售卖。例如，一个售卖汽车的网站在买下新浪的某个广告位后，全国网民打开新浪后可能在一个月内看到的都是这个售卖汽车网站的广告，有感兴趣的网民点击一下，网页就会跳转到售卖汽车的网站。

（2）搜索时代。

2000 年前后，随着搜索引擎技术的出现，谷歌和百度等开始成为主流的互联网访问渠道，用户通过搜索关键词后就可以快速找到相关网页，这样的访问方式无疑比在门户网站上寻找内容要便捷得多。

需要流量的网站可以通过购买关键词广告，让自己的网站出现在搜索结果页中。

（3）无线时代。

到了 2010 年，智能手机开始得到普及，智能手机逐渐取代传统电脑成为网民主要的上网设备。各种 App 开始通过手机端获取用户，包括购买应用商店的广告位、与其他 App 互相引流、同手机厂商合作等。

（4）O2O 崛起。

2015 年左右，O2O 崛起，这种模式将线下的商务机会与互联网相结合，让互联网成为促成线下交易的平台。美团外卖就是典型的 O2O 应用例子。

在 O2O 模式下，线下的门店通过互联网和用户互动起来，用户享受到了便捷的订餐服务，同时线下门店也获得了用户流量。

（5）平台与个性化时代。

到了 2020 年左右，社交媒体和内容分享平台成了主要的用户访问渠道。在这个时期，抖音、微信公众号等社交媒体和内容分享平台极大地促进了用户之间的互动和内容的传播。这些平台的算法推荐系统能够将内容高效地推送给对其感兴趣的用户，同时也使不同的用户在相同的平台上接触到完全不同的内容。

（6）未来。

随着 AI 技术的飞速发展，特别是 ChatGPT 诞生后，AI 技术在互联网领域发挥越来越重要的作用，极大地影响用户获取信息和服务的方式。在这个时代，AI 技术不再是后台的算法支持，而是渗透到用户的日常生活中，成为用户与互联网互动的主要方式。AI 助手基于用户的行为、偏好、历史数据及实时环境信息，能够为用户提供高度个性化的信息和服务。同时，AI 助手还会预测用户需求，并提前准备好相关内容，使用户不再需要通过搜索关键词来寻找信息。

5.3.3　按地理位置拆分

当互联网产品提供的不是单纯的线上服务，而是线上与线下相结合的服务时，地理位置就成了一种重要的数据拆分维度。

因为这类互联网产品是基于一个个线下门店提供服务的，将用户按地理位置拆分有助于理解和满足不同地区的用户的不同需求。

我们可以将用户按省（自治区、直辖市、特别行政区）进行拆分，以观察变化。

例如，某度假酒店 App 的 UV（活跃用户数）报表显示，最近北方地区的活跃用户数明显少于南方地区的，从而影响了总活跃用户数，如表 5.3.2 所示。

表 5.3.2

地　　区	UV（万人）	地　　区	UV（万人）	地　　区	UV（万人）
辽宁	20.8	福建	26.8	陕西	9.9
吉林	30.8	江西	15.7	甘肃	5.6
黑龙江	20.5	广东	30.2	青海	5.9
北京	9.3	广西	23.5	宁夏	3.4
天津	10	海南	18.2	新疆	1.9
河北	8.9	香港	1.1	河南	16.6
山西	9.6	澳门	2.3	湖北	19.4
内蒙古	7.7	台湾	4	湖南	22.5
上海	12.9	重庆	7.1		
江苏	15.9	四川	10.5		
浙江	22.8	贵州	8.3		
安徽	14	云南	10.8		
山东	18.1	西藏	1.1		

除了按地区拆分数据外，有的公司还按"大区"拆分数据。这样公司可以更清楚地比较不同大区之间的变化，如最近东北大区和华北大区都进行降价促销，从而使其 UV 快速上涨，远远超过了其他大区，如表 5.3.3 所示。

表 5.3.3

大区	地区	UV（万人）	大区	地区	UV（万人）	大区	地区	UV（万人）
东北	辽宁	200.5	华南	福建	27.7	西北	陕西	8.4
	吉林	307		江西	17.1		甘肃	5.9
	黑龙江	205.7		广东	34.1		青海	3
华北	北京	99.6		广西	25		宁夏	6.4
	天津	97.9		海南	21.8		新疆	5
	河北	87		香港	0.6	华中	河南	16.1
	山西	85.8		澳门	4.8		湖北	19.3
	内蒙古	76.5		台湾	3.2		湖南	20.1
华东	上海	11.8	西南	重庆	5.7			
	江苏	13.9		四川	12.8			
	浙江	17.7		贵州	6.3			
	安徽	12		云南	7			
	山东	19.7		西藏	1.9			

5.3.4　按用户属性拆分

1．什么是用户属性

用户属性是指用来描述用户特征的各种属性，包括用户的基本信息、行为习惯、偏好设置、交互历史等多个维度。当互联网产品的某些变化与某一类具备相同特征的用户紧密相关时，我们就可以按用户属性拆分数据。

常用的用户特征如下。

（1）人口属性。它包括年龄、性别、地理位置、受教育程度、婚姻和生育状况、职业等。

（2）用户活跃程度。它包括活跃用户、成交用户、沉睡用户、流失用户、新老用户等。

（3）用户兴趣。它包括用户在体育、娱乐、美食、理财、数码、旅游等方面的兴趣。

（4）购物需求。它包括用户在服饰、箱包、居家、母婴、洗护、饮食等方面的需求。

（5）用户购买力。它通常分为高、中、低三档，需要根据用户的购买历史判断。

2．按用户属性拆分示例

为了吸引购买力高的用户，某电商平台推出了"数码补贴"政策，这导致活跃用户的占比发生了变化，如表 5.3.4 所示。

表 5.3.4

用户属性	活动前占比（%）	活动后占比（%）
购买力高的用户	5	15
购买力中等的用户	58	47
购买力低的用户	37	38

从表 5.3.4 中可以看出，购买力高的用户的占比在活动后有了明显的提升。

需要注意的是，在某些情况下，在按用户属性拆分数据时，单一维度的分析不足以揭示用户群体的变化。例如，一个旅游类 App 下架了针对女性用户的高端旅行产品，可能仅导致特定用户群体的流失。当分析原因时若只对比性别或购买力数据，则并不会发现用户流失的真实情况，如表 5.3.5 和表 5.3.6 所示。

表 5.3.5

用户属性	下架前占比（%）	下架后占比（%）
购买力高的用户	14	10
购买力中等的用户	56	58
购买力低的用户	30	32

表 5.3.6

用户属性	下架前占比（%）	下架后占比（%）
男性用户	90	90
女性用户	10	10

这时，我们需要将多个特征（如性别和购买力）组合起来进行分析。

将性别和购买力组合进行分析后，只有购买力高的女性用户的占比明显减少，而其他组合结果几乎没变化，如表 5.3.7 所示。这说明产品下架后，符合这些特征的大量用户选择不再使用此款产品，这个情况需要引起重视。

表 5.3.7

用户属性	下架前占比（%）	下架后占比（%）
购买力高的男性用户	8	8
购买力中等的男性用户	54	56
购买力低的男性用户	28	30
购买力高的女性用户	6	2
购买力中等的女性用户	2	2
购买力低的女性用户	2	2

5.4　数据分析第四招：看转化

5.4.1　什么是转化率

转化率原本是化学领域的一个概念，反映了某一反应物在化学反应中已转化的量与该物质总量的比值。

后来，这个概念被引入互联网领域，用来衡量有多少用户最终完成了身份的转变，如从浏览用户变成了注册用户，或者从注册用户变成了成交用户。

例如，如果 100 个用户访问了某旅游预订产品，其中 30 个人完成了预订，那么转化率为 30%（30÷100×100%=30%）。一般而言，较高的转化率意味着产品能有效解决用户问题。

然而，对于互联网产品的分析，除了应考虑用户数量，还应了解有多少用户真正通过产品解决了问题。以旅游预订产品为例，尽管每天有大量用户访问，但我们应主要关注实际完成预订和完成交易的用户，这才是衡量产品价值的关键。

产品最终的价值一定是帮助用户解决了某种问题。

5.4.2　多层转化率的分析

用户在从开始使用产品到最终解决问题的过程中会经历多个环节。每个环节都有可能出现用户流失，从而降低转化率。

因此，我们需要分析用户的整个产品使用周期，确定用户最可能在哪个环节放弃使用产品。通过对这些环节进行深入分析并降低用户流失率，我们可以有效提升整体转化率。

虽然用户使用不同的产品可能会经历不同的环节，但只要对这些环节进行仔细分析，我们就可以发现并解决潜在的问题，从而提升转化率和用户满意度。通常，用户在使用产品的过程中会经历以下几个环节。

（1）初始环节。此时，用户进入产品的首页。在此环节，理想情况下100%的用户都能够进入产品的首页。

（2）浏览环节。此时，用户开始浏览内容。如果在此环节出现大量用户流失，则可能是因为内容加载问题或内容不符合用户的期望。

（3）等待环节。此时，用户完成某些操作后需要等待完成，如下载。如果等待时间过长或等待状态设计不合理，就可能导致用户流失。

（4）选择环节。此时，用户需要做出选择，如选择购买的产品或想浏览的内容。过高的选择成本或复杂的操作可能给用户带来不良体验。为此，许多产品大多使用"千人千面"的内容推荐机制，以为用户提供更符合其偏好的内容。

（5）输入环节。此时，用户需要输入信息。一般来说，输入是高成本操作，应尽量减少这个环节，可使用语音输入、指纹解锁或记忆用户历史输入等方法降低用户输入信息的成本。

（6）错误环节。如果产品不可避免地发生错误，此时应明确指出原因和解决办法，如在密码输入错误时应进行提示或提供替代验证方式。

（7）完成环节。此时，用户已成功使用产品解决问题，应明确告知用户操作成功，并询问是否需要更多的服务，如，当用户成功购买机票后，可以在页面中提示用户是否需要更多的服务。

当用户想使用产品时，需要经历不少环节，这使得我们需要借助工具才能很好地完成转化率的分析，而常见的转化率分析工具则是漏斗图和用户旅程地图。

5.4.3　转化率分析工具：漏斗图和用户旅程地图

1. 漏斗图

顾名思义，漏斗图是一种类似漏斗的图表，用以展示各个环节的业务量及各环节之间的差异。在通常情况下，当相邻两个环节之间的用户数量存在差异时，表明用户在某环节中流失。我们可以通过比较相邻两个环节之间的用户数量的差异评估出用户在这两个环节之间的转化率。

要制作漏斗图，我们需要列出用户使用产品的每个环节，并统计每个环节的用户数量，进而确定用户流失率最高的环节。

例如，通过表 5.4.1 和图 5.4.1，我们可以直观地看出用户在各个环节的流失情况，其中从第一个环节到第二个环节是用户流失人数最多的。

表 5.4.1

用户类型	用户数量（人）
打开 App 用户	100
选择商品用户	40
点击支付用户	34
支付成功用户	30

用户转化漏斗图

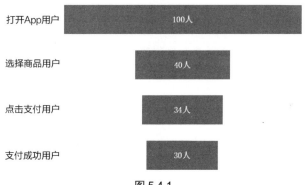

图 5.4.1

2．用户旅程地图

用户旅程地图是一种将自己置于用户视角，感受用户在各个环节的情绪的分析工具。它主要由以下 4 个部分组成。

（1）用户使用产品的环节。

（2）用户在每个环节可能具有的情绪，如平静、沮丧、紧张、兴奋等。

（3）用户在每个环节的情绪变化。

（4）用户在每个环节的转化率。

将这 4 个部分的信息汇总到一张图表中，我们就可以轻松地识别出哪些环节使用户产生了好感受或坏感受，从而发现产品存在的问题并进行有针对性的改进，如图 5.4.2 所示。

通过漏斗图和用户旅程地图进行分析后，我们就能够大致推断出哪个环节出现问题了，并能够有针对性地对用户进行访问。从图 5.4.2 中我们可以发现，用户在选择商品时感到焦虑，因为这一环节需要用户进行大量思考以选出合适的商品。这个环节的用户流失率通常是最高的。因此，如何帮助用户选择商品就成了一个需要解决的问题。

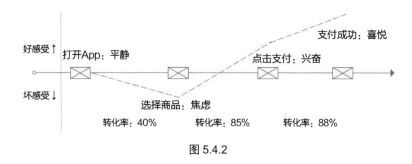

图 5.4.2

我们可以通过升级个性化推荐系统或展现历史用户的评价来帮助用户做出选择。

在做出调整之后，我们可以再次制作漏斗图或用户旅程地图并进行观察，如果发现用户在选择商品这个环节的转化率有了大幅上升，就说明这个问题得到了很好的解决。

5.5 数据分析第五招：发现规律与异常

5.5.1 什么是数据的规律与异常

在互联网产品数据分析中，规律指的是数据呈现出的稳定预期模式。例如，在国庆节期间旅游预订产品的用户访问量增加，或者在春节期间线上红包发送量增加。这些数据的稳定性被认为是产品的规律。

然而，如果这些规律因某些因素的变化而被打破，就会出现异常。

例如，在白天，腾讯的活跃用户数一直稳定在一个区间，但是在 2014 年 1 月 21 日，腾讯的服务出现大面积登录故障，导致活跃用户数在一瞬间出现大幅下降。显然，与腾讯活跃用户数相关的数据出现了异常。

无论是发现规律还是发现异常，数据分析都能发挥较重要的作用：

（1）发现并确认规律，以便在内外部因素稳定的情况下预测未来。

（2）及时发现甚至预测异常，确保相关人员能够及时被通知并应对。

5.5.2　发现规律

掌握数据呈现的规律对业务分析至关重要，但发现规律并不是一件容易的事情，因为数据呈现的规律有很多种，甚至有些数据的变化不存在规律。我们需要通过计算和观察，确认规律是否存在。

1．规律的观察和发现的步骤

（1）确定关键指标并收集数据。

（2）制作表格、折线图等以便观察规律。

（3）结合业务经验，观察并确认是否存在规律，存在何种规律。

（4）计算数据，对规律进行量化描述。

（5）在下一个周期结束后，检验数据的变化是否符合已发现的规律。若符合规律则继续观察，若不符合规律则重复前 4 步，修正之前发现的规律。

2．几种常见的规律

常见的规律分为以下几种，我们可以通过观察数据来进行验证。

（1）线性变化。它是指数据在一定时间内呈现一定比例的变化。如果将相邻时间的统计结果用线依次连接，则其结果就会像一条直线一样，如图 5.5.1 所示。

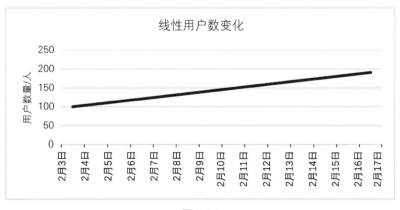

图 5.5.1

（2）周期性变化。它是指在特定时间段数据呈现类似的变化。例如，某个 App 的活跃用户数每到周末或冬季都会下降，但之后数据又会增长到原来的水平。常见的周期包括日（见图 5.5.2）、星期、月份、季节。

图 5.5.2

（3）特殊节点。在特殊节点，产品的各项关键指标都有可能发生较大的变化，如对于网店商家，"双 11"就是一个典型的特殊节点，其用户数会发生较大的变化，如图 5.5.3 所示。

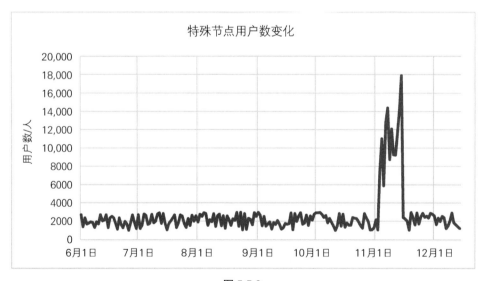

图 5.5.3

（4）因果关系。它是指一个事件（因）与另一个事件（果）之间的直接关系。如果当事件 A 发生时，事件 B 大概率也会发生，那么事件 A 与事件 B 之间就存在因果关系，如当产品降价时，销量就会上涨。而一旦事件 A 的发生没有引起事件 B 发生，我们就需要重视，对其进行进一步分析。如图 5.5.4 所示，每当增加营销投入，销量就会有明显上涨。

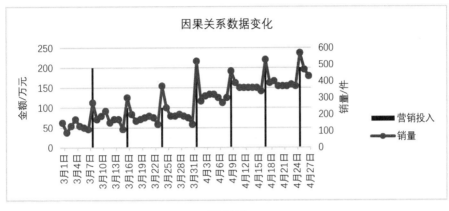

图 5.5.4

3．发现规律的示例

规律的发现和确认可不是一件容易的事情，下面我们以一款旅游预订 App 为例来尝试总结其中可能存在的规律。

（1）首先确定活跃用户数为关键指标，然后收集 1 年内每日的用户数据，按日进行汇总，如表 5.5.1 所示。

表 5.5.1

日　　期	活跃用户数（人）
1 月 1 日	2484
1 月 2 日	1938
1 月 3 日	692
1 月 4 日	764
1 月 5 日	604
……	……
12 月 27 日	590
12 月 28 日	742
12 月 29 日	897
12 月 30 日	1167
12 月 31 日	730

（2）将数据绘制成柱状图，分别取1年和1个月的活跃用户数，方便观察规律，如图5.5.5和图5.5.6所示。

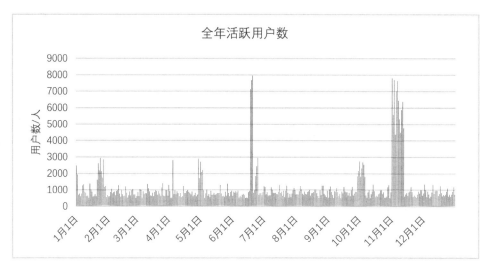

图 5.5.5

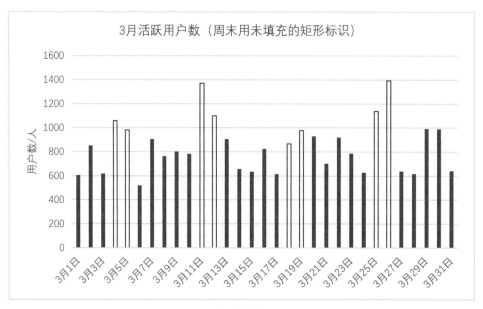

图 5.5.6

（3）结合业务经验，对数据进行观察，确认是否存在规律，存在何种规律。

通过分析，我们可能会发现在周末和节假日用户活跃数明显上涨，并且上涨幅度较稳定。结合业务经验，我们可以确认，每到节假日随着用户需求的增加，活跃用户数也会上涨，上涨幅度与节假日长短有关，如表 5.5.2 和表 5.5.3 所示。

表 5.5.2

统计周期	活跃用户数均值（人）
周末	1355
工作日	1069

表 5.5.3

统计周期	活跃用户数均值（人）	较全年均值
全年	1157	—
元旦	1717	148%
春节	2300	199%
清明节	2808	243%
劳动节	2329	201%
端午节	1766	153%
中秋节/国庆节	2245	194%

通过观察我们发现，在"6·18"和"双 11"期间，活跃用户数也会上涨。这一变化与促销活动有关，如表 5.5.4 所示。

表 5.5.4

统计周期	活跃用户数均值（人）	较全年均值
全年	1157	—
6·18	5934	413%
"双 11"	6122	429%

（4）计算数据，对规律进行量化描述。

- 周末与工作日相比，活跃用户数增长 27% 左右。
- 元旦、春节、清明节、劳动节、端午节、中秋节和国庆节等节假日与全年均值相比，活跃用户数增长 48% 至 143% 不等。
- "6·18"和"双 11"期间的活跃用户数与全年均值相比，分别增长了 413%、429%。

（5）确认规律。

又过去一年，提取当年数据进行计算，发现中秋节的数据上涨幅度明显不如上一年，再通过观察发现上一年中秋节的放假时间正好和国庆节连在一起。于是修正规律：

当两个节假日连在一起时会对活跃用户数上涨幅度产生影响。

5.5.3 发现异常

在理解了规律后，我们能够预测在特定时间可能发生的情况，具备"未卜先知"的能力。

然而，如果预期的事件未发生，则表明规律被打破，即出现异常。例如，国庆节期间一个旅游 App 的活跃用户数并未像预期的那样增加，这便是一个异常情况。当发现异常之后，我们接下来的任务就是查明其原因。

而要发现异常，需要先找到规律。因为异常是相对规律而言的，当一件事情未按规律发展时，才算作异常。

为了更好地理解这个内容，我们来思考这样一个问题：如果在一天之内 50% 的用户在使用产品时都在某一个环节选择了退出，那么这是否算作一个异常情况？

答案是否定的。因为这个场景出现在春运高峰期的火车票售卖 App 12306 中，50% 的用户在查询余票环节得到了售罄的结果，进而选择退出。这是一个相当正常的情况。

1．发现异常的两种方法

（1）确定数据的正常区间。

- 确定关键指标。
- 确定统计周期，并取此周期的"正常"数据值。
- 取最大值与最小值，最大值与最小值之间的范围就是正常区间。

（2）依据经验判断。

- 直接由负责人依据以往的业务规则确定正常区间。

2．制定发现异常的报警规则

（1）报警的即时性。

当数据出现异常的时候，如果影响用户的操作和体验，我们就需要实时知晓并处理；如果不影响用户的操作和体验，则我们第二天处理也可以。

例如，某 App 的成功打开率下降，大量用户无法适时打开，在这种情况下，我们就需要实时知晓并处理。又如，某 App 当天的活跃用户数未达到预期，但不会对用户体验和公司收入造成直接影响，则可以第二天再进行处理。

（2）报警的方式。

如果是需要实时知晓并处理的异常，我们就要借助实时通信工具，通过发短信、打电话等方式通知相关人员。

如果是可以第二天处理的异常，那么我们可以通过邮件或工作软件发布通知，在这种情况下，通常会有负责数据监控的同事进行实时查看，这位同事在发现异常后，会通知相关人员。

（3）避免报警信息的滥用。

有的公司的数据监控负责人认为所有的异常都要重视，于是将所有异常都设置了实时报警。这样只会导致相关人员经常收到几十条乃至上百条的报警短信，而短信通知的异常绝大部分是可以接受并不用专门处理的，进而造成的结果是相关人员对收到报警信息已经不重视了，甚至把报警短信当成了"风火戏诸侯"，当收到重要的报警短信时反而没注意到。

面对这种情况，公司必须对数据监控和报警规则进行调整。对于那些不重要或在可接受范围内的异常先记录下来，以周为单位进行处理，以确保只有真正需要处理的异常才会触发报警。当异常出现时，相关人员也都要做到第一时间响应。

第 **6** 章

撰写数据分析报告：
展示数据分析结论

数据分析的目标不仅是得出结论，还要确保得出的结论能够被项目相关人员接受和认可。

展示数据分析结论这一过程的关键在于撰写一份清晰、有逻辑的数据分析报告，以及进行有效的面对面汇报。一份优秀的数据分析报告能够使复杂的数据分析结论得到正确的理解和应用，从而促成项目的成功。

我们的最终目标并不是数据分析，而是希望通过数据分析促成某件事情，如果数据分析报告和汇报不被接受和认可，那么即使分析得再深入也毫无意义。

本章详细阐述数据分析报告的关键元素和撰写技巧。一份优秀的数据分析报告既要有短促有力的结论，又要具备清晰的论证逻辑。

6.1 短促有力的结论

6.1.1 结论的组成

结论是对话题研究、讨论或分析过程中的关键发现和理解的总结性陈述。它通常出现在报告的开头，其目的是综合整个研究或讨论的要点，提供清晰、精练的洞见，以及基于前述分析的最终观点或推论。

结论是报告的灵魂。一个明确、精练的结论能迅速吸引读者的注意力，同时为后续的详细分析奠定基础。

互联网公司的业务数据分析报告的结论通常包括两个部分：客观数据和主观判断。例如，"目前时间已过全年的 50%，累计 GMV 达 100 万元，完成全年目标的 10%。根据目前的趋势判断，预计能够达到全年目标"。其中就包含了客观数据和主观判断。

客观数据部分是基于事实的描述，它提供了可量化和可观察的信息，例如，"目前时间已过全年的 50%，累计 GMV 达 100 万元，完成全年目标的 10%"这一结论中的数据是不争的事实，不包含任何个人偏见或解释，确保了结论的可靠性和准确性。

而主观判断部分则是基于对客观数据的分析和解释，包含报告撰写者的见解、推理和预测。例如，"根据目前的趋势判断，预计能够完成全年目标"这一判断虽然基于数据，但涉及报告撰写者对数据的理解和对未来趋势的预测，显示出报告撰写者的分析能力和对事物深入理解的能力。

值得注意的是，结论本身不需要有详细的论证过程。

6.1.2 结论的几种类型

结论的形式和内容可因报告的性质、目标受众及所传达信息的复杂程度而有所不同。有效的结论能够强化报告的中心论点，为读者提供一个清晰的总结，确保其能够理解报告的核心价值和应用。根据不同的需要和情境，结论通常可以被分类为以下几种类型。

（1）肯定型结论。其特点是确认某个事件或项目成功。例如，本次促销活动实现 GMV 达到 10 万元（目标为 9 万元），吸引了 9000 位新客户（目标为 8000 人），目标任务圆满完成。

（2）否定型结论。其特点是否定某个事件或项目成功。例如，国庆节期间 GMV 只达到 1 万元（目标为 9 万元），仅吸引了 300 位新客户（目标为 8000 人），目标未能达成。

（3）原因型结论。其特点是解释出现某个现象的原因。例如，昨天公司 GMV 为 0 元，原因是公司支付系统发生故障，用户无法完成支付。

（4）建议型结论。其特点是对未来提出建议。例如，截至目前，已经完成全年目标的 10%，累积 GMV 达到 100 万元，根据目前的趋势判断，预计能够完成全年目标。

6.1.3　结论表达的原则

在公司里，报告是传递关键信息和分析结果的重要工具。由于接收者（如管理层、同行评审或决策者）常常面临时间压力，他们可能没有充足的时间仔细阅读每一份报告。这就要求结论必须简洁明了，避免冗长的描述和解释。

为了确保结论的简洁性和有效性，报告撰写者需要采取刻意的策略。在完成结论部分的撰写后，报告撰写者应当自行阅读所写内容，检查是否能在 15 秒内阅读完，这大约对应 50 个字（不包括标点符号）。这"15 秒规则"是基于效率和注意力维持来考量的——一个清晰且简洁的结论能够迅速传达信息，同时保持读者的兴趣和注意力。

值得注意的是，管理层和决策者常常采取"结论优先"的阅读策略，即他们会优先阅读报告的结论部分，以快速了解报告的主旨和关键发现。只有当结论符合他们的预期或需求时，他们才可能深入阅读报告的其他部分以获取更多细节。这种阅读习惯强调了结论简洁、有力的重要性。如果结论过长或缺乏重点，那么不仅可能导致管理层和决策者失去阅读兴趣，还可能影响报告的影响力，使其难以达到预期的沟通效果。

6.2　清晰的论证逻辑

6.2.1　论证逻辑要成立

论证逻辑是否成立指的是客观现象和结论之间是否存在合理的关联性，即客观现象的发生是否能够支持结论的成立。

例如，本次促销活动达成了目标，GMV 达 10 万元（目标为 9 万元），吸引了 9000 位新客户（目标为 8000 人）。很显然，由于客观数据大于目标值，因此结论是成立的。

然而，有时候客观现象与结论之间的关系并不是那么明确。例如，到了 6 月底，公司累计 GMV 已经达到 10 万元，完成了全年目标的 21%。按目前趋势判断，可以完成全年目标。但由于时间已经过去了一半，目标只完成了 21%，因此这样的结论可能会引起质疑。

为了避免这种情况，我们需要提供清晰的论证逻辑。

6.2.2　论证逻辑的梳理方法

梳理论证逻辑其实非常简单，实际上，论证逻辑的核心是建立"条件"与"结果"的关系。当条件 A 发生时，会导致结果 B。然后，结果 B 又会转变为条件，导致结果 C。因此，当条件 A 发生时，我们可以合理地预期结果 C 的发生，如图 6.2.1 所示。

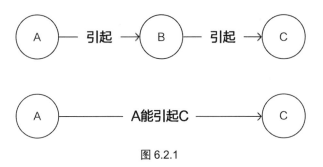

图 6.2.1

当然，在实际情况中，条件与结果的关系可能会更加复杂。但基本的逻辑原理是始终适用的，当过去具备某些条件时，我们可以按照此逻辑理解产生的特定的结果。当未来仍然具备相同的条件时，我们也可以合理地期望获得相似的结果。

举个例子，过去 3 年某公司都在国庆节和"双 11"期间投入了大量的营销资源，那么今年是否还会投入相同的营销资源呢？如果会，那么公司今年是否可以完成目标呢？

完整的论证逻辑需要先列出所有的"条件"，然后根据"客观现象"来判断哪些条件已经发生，哪些条件可能会发生，最后得出结论。

以下是公司目前具备的条件。

（1）条件 1：过去 3 年的数据显示，每月的 GMV 完成率非常稳定。

（2）条件 2：过去 3 年国庆节和"双 11"促销活动使 GMV 有了大幅提升。

（3）条件 3：公司已确认今年将继续开展国庆节和"双 11"促销活动。

（4）条件 4：到目前为止，今年 1—6 月的 GMV 完成率都比过去 3 年同月份的高。

根据这些条件，我们可以得出结论：按目前的趋势，公司今年可以完成目标，如图 6.2.2 所示。

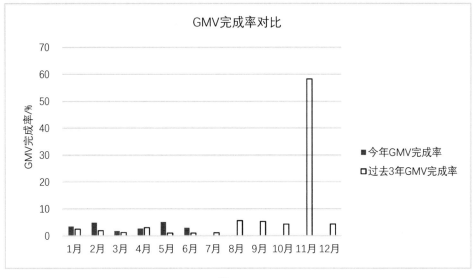

图 6.2.2

6.2.3 验证论证逻辑是否成立

当梳理完论证逻辑后，最好验证一下逻辑是否成立，方法有两种。

1. 依据常识判断，无须证据

中国人有春节回老家的习惯，所以临近春节坐火车的人数会大幅增加，出现春运现象。这就是一个常识判断。当然每个行业都有独特的"行业常识"，这些常识一般不被外人所知，大多数从业者却了如指掌。

2. 依据过往规律判断

有些时候，我们需要依据过往的规律验证论证逻辑是否成立，并且最好给出原因。例如，每到星期五乘坐火车到杭州的人数就会增加。而要验证这一论证逻辑是否成立，我们就不能依据常识判断，而需要列举出其他日期乘坐火车的人数，表 6.2.1 和图 6.2.3 所示为某 App 售卖的上海到杭州的车票订单数统计。

表 6.2.1

时间	3 月 4 日—3 月 10 日	3 月 11 日—3 月 17 日	3 月 18 日—3 月 24 日	3 月 25 日—3 月 31 日
星期日	4025	4860	3521	3211
星期一	3728	3741	3521	3358
星期二	4415	4768	4792	3074

续表

时间	3月4日—3月10日	3月11日—3月17日	3月18日—3月24日	3月25日—3月31日
星期三	4948	4995	4251	3490
星期四	3761	4650	4057	4873
星期五	5274	6619	5547	5641
星期六	3598	3466	4568	4582

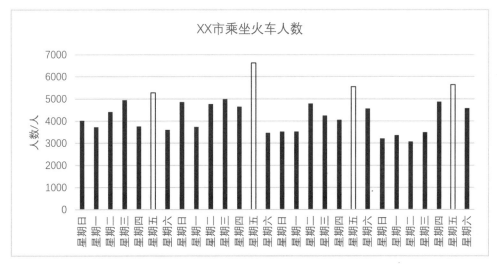

图 6.2.3

6.3 汇报的作用

在阐述汇报工作的要点之前，我们需要明确一件事情：所有的汇报都值得精心准备。因为这直接关系到汇报者自身及项目的成功。

6.3.1 汇报关系到员工的标签

作为员工，我们应重视每一次面对领导的直接汇报，这关系到我们身上的标签。

对拥有许多下属的管理者来说，他们很难清楚每一位员工所从事的工作，甚至无法做到认识每一位员工。要想让领导认识、了解自己，员工就要抓住与领导面对面交流的机会。在短短几分钟到数小时的汇报中，和领导深入探讨一些问题，包括对项目目标、工作事项的理解，以及个人看法。

如果员工对项目了如指掌，能够轻松回答领导提出的各种问题，并且能够提出独特见解，就会给领导留下良好的印象。相反，如果员工对项目不了解，连基本的问题也回答不上来，就会给领导留下不好的印象。

无论好坏，这些印象最终都会成为员工的"标签"，如图 6.3.1 所示。虽然贴标签是不礼貌的，但标签具有高效性。例如，某款手机的标签是"高性价比"，而另一款手机的标签是"出色的用户体验"。通过标签，消费者可以选择与自身需求相适应的品牌，从而提高效率。对领导来说也是一样的，在时间不充裕的情况下，当其需要从众多员工中选择人来负责某项工作时，通常会迅速浏览员工的标签，如这个人认真负责，那个人头脑灵活，这个人经验不足，那个人粗心大意，并简单咨询下属的意见，最终做出决策。因此，当员工无法每天都接触到领导时，标签变得非常重要。

图 6.3.1

6.3.2 汇报关系到项目的推进

汇报不仅会关系到员工的标签，还会对项目产生巨大的影响。

在大公司里，推动项目，特别是跨部门合作的项目非常困难。因为每个人都有自己的目标和想法，对同一件事情的支持程度也可能不同，甚至有些人可能持反对态度。

在这种情况下，如果项目负责人能向所有相关方解释项目目标和设计，那么相关方就会针对项目提出问题，从而解决分歧，甚至领导会当场做出决策，这无疑会推进项目，如图 6.3.2 所示。

汇报不仅对于汇报的"人"很重要，对于项目本身也非常重要。

如果项目的目标和设计在汇报中由于各种原因未能得到相关方的理解，那么项目在后续的推进中将面临更多的困难。更糟糕的是，项目负责人将很难再次获得机会向相关方解释，其将花费更多的精力来推进项目。

图 6.3.2

6.4　汇报工作的要点

既然汇报如此重要，那么我们就需要在汇报前进行充分的准备。汇报工作的要点如下。

1. 项目目标要与公司总目标一致

确保项目目标与公司总目标一致非常重要。如果项目目标与公司总目标一致，并且可以产生积极影响，就可以显著提高项目获得资源和支持的可能性，同时减少推进项目过程中的阻力。这被称为顺势而为，项目负责人会感到"时来天地皆同力"。

但如果项目目标与公司总目标没有直接关联，甚至背道而驰，例如，如果公司今年的总目标是降低成本以增加利润，而项目目标却是增加预算以扩大规模，那么项目在推进过程中将会面临很多困难，甚至一些人会反对项目，希望终止项目。

2. 项目设计要能实现目标

在解决了项目目标和公司总目标的一致性问题后，我们就需要评估项目设计能否实现这些目标。我们可以从以下 3 个方面进行评估。

（1）大家都认可的经验。在公司内已被广泛认可的经验，如"清晰的优惠信息表述可以增强用户付费意愿"或"将多步操作简化为一步操作可以提高转化率"，可以直接说明项目设计的有效性，无须进一步验证。

（2）竞品情况。竞品的成功案例也可以作为证明项目设计可行性的依据。例如，微信的语音输入功能取得了巨大成功，后来许多竞品也推出了类似功能。

（3）试点结果。通过项目低成本试点阶段获取数据是证实项目设计可行性的直接途径。例如，微信 PC 版经过小规模试点，发现广受用户欢迎后，才被推广给所有用户。

3．展示项目目前结果

展示项目结果指标，并与预期值进行比较。首先提供主要结论，说明项目结果指标的现状和变化，并与项目目标进行比较。例如，如果项目目标是提高 GMV，那么可以说明从项目上线以来 GMV 提高了多少，并与项目目标进行比较，确认是否完成了目标。

4．列举关键指标

在展示项目结果后，可能部分同事会对结果存在依赖，特别是结果出人意料的时候。这时我们就需要列举关键指标，同时说明指标的数据来源与口径，解决同事心中的疑问。

（1）列举影响项目结果指标的因素。项目目标可能受多个因素的影响，例如 GMV 的计算公式如下。

$$GMV=成交用户数×客单价$$

成交用户可以被拆分为活跃用户数与成交转化率的乘积，客单价可以被拆分为每个用户成交的商品数量与商品均价的乘积。因此，上述公式可以被拆分为

$$GMV=活跃用户数×成交转化率×每个用户成交的商品数量×商品均价$$

如果项目是通过影响成交转化率来提高 GMV，那么应该重点分析成交转化率，并明确项目目标对公司总目标的影响。

（2）说明项目结果指标的数据来源和口径，确保其正确性和可靠性。

- 逐一核实报告中出现的数据是否一致。

- 提供数据来源，例如，GMV 数据来自上个月的公司数据库。
- 在完成以上步骤后，还需确认数据的准确性。

5. 展望未来规划

一份完整的报告需要包括总结和规划。一般而言，当报告的前半部分是总结，后半部分则需要说明项目的未来规划。未来规划可以包括以下几个方面。

（1）扩大规模。如果项目试点阶段进展顺利，则可以考虑扩大项目覆盖范围，以获得成功。

（2）解决问题。如果项目遇到了问题或未能达到预期目标，则需要提供解决方案，以确保项目继续推进。

（3）结束项目。如果项目被证明不可行或没有价值，那么应考虑结束项目。

6. 提前思考清楚报告的目标

在开始汇报之前我们需要思考一个问题：我们希望从这次汇报中获得什么？只有明确这一点，才能有针对性地准备汇报内容。

汇报的目标通常可以分为以下几种。

（1）获得资源和支持。如果项目需要更多的资源和支持才能完成或超越目标，但目前缺乏这些资源和支持，那么在汇报时，我们就要向有权决定资源分配的决策者解释项目前景、可行性，以获得所需资源和支持。在这种情况下，我们还要考虑项目目标是否与决策者的目标相一致。

（2）解决分歧。当项目需要各方参与且我们无权决定下一步计划时，作为项目负责人，我们需要说明不同选择的优缺点，集体进行讨论并消除分歧。

> **注意**：一个项目并不能获得所有人的支持，甚至会有一些反对者。因此，我们需要将重点放在决策者身上，而不是说服所有人。当获得决策者的支持后，就足以解决问题。

（3）庆祝胜利。如果项目进展顺利，已经完成或超越了阶段性目标，那么我们可以将汇报作为庆祝胜利的方式。这样不仅可以向领导汇报情况，还可以在未来获得更多支持。当汇报目标是庆祝胜利时，我们可以将汇报重点放在项目结果和过程中的亮点上。

第 2 篇

数据分析实例篇

第 **7** 章

数据分析实例：
看清业务现状

探讨了数据分析的背景、目标及具体操作方法后，接下来，我们将进入实践部分，深入了解一些经典案例。

以下案例都发生在一家互联网公司，其中"悟空""唐僧"等均为虚构角色。悟空是这家互联网公司的新员工，他与师傅唐僧一起负责公司的主要产品——售卖脱口秀门票的 App。

以下案例都非常具有代表性，是典型的互联网公司实践。读者在阅读时可以尝试回忆自己曾经遇到的类似场景，并将经典方法论与自己的实际经验进行对比，思考它们之间的差异，以便更好地理解案例内容。

7.1 寻找北极星指标：衡量业务发展的情况

半年前，悟空加入了一家互联网公司，但在工作一段时间后，他产生了一些疑虑：这家公司当前的发展状况和前景如何？

在一次与唐僧的对话中，悟空谨慎地表达了自己的疑虑："师傅，您如何评估公司当前的发展状况和前景呢？"

唐僧回答："这是一个很好的问题，从管理层到基层员工，大家都希望得到这个问题的答案。事实上，回答这个问题并不难，我们只需要找到公司的'北极星指标'，然后观察这个指标的现状和变化就可以了。"

7.1.1　什么是北极星指标

北极星指标，又称唯一关键指标，是产品当前阶段最关键的指标。其是由公司选出的、在这个阶段最为重要的指标。这个指标可以是活跃用户数，也可以是 GMV 等。

选择适当的北极星指标对公司的长期成功至关重要。例如，在美国社交网络市场上，Myspace 最初是占据主导地位的，但随后 Myspace 逐渐衰落，最终被 Facebook（现 Meta）击败。其中一个重要原因是 Myspace 选择"总注册用户数"作为北极星指标，而 Facebook 则选择"月活跃用户数"作为北极星指标。"总注册用户数"显然是一个"虚荣"的指标，因为总注册用户数并不能直接反映用户的活跃度，即使总注册用户数再多也毫无意义。相比之下，"月活跃用户数"则能真实地反映用户实际使用产品的情况，通过关注这个指标，Facebook 能更好地了解用户行为，进而改进产品。

需要注意的是，北极星指标应该是唯一的，就像北极星一样，可以帮助人们判断方向。

在与悟空讨论了一番后，唐僧最终选择"月活跃用户数"作为公司的北极星指标。因为公司的 App 正式发布的时间不长，用户也不多，需要吸引更多用户打开和浏览 App 内容，其他指标在短期内并不那么重要。这次选择也得到了管理层的认可，这意味着公司的所有项目都会优先考虑如何为这个指标服务，当项目与这个指标存在冲突时，也会优先考虑这个指标。

7.1.2　如何选北极星指标

虽然所有项目都应该优先考虑为北极星指标服务，但这并不意味着所有项目都能在"短期内"或"直接"为北极星指标带来影响。我们应该从长期来看项目价值。

例如，公司考虑给一款北极星指标为 GMV 的产品增加退款功能，虽然这看起来会造成 GMV 降低，但从长期来看，这会提高用户满意度和忠诚度，会对 GMV 产生积极影响。

唐僧向悟空解释了北极星指标的选择方式，以及市场上大公司的北极星指标。他详细列举了如下几个选择原则。

1. 与用户需求密切相关

北极星指标的选择应该与用户需求密切相关。例如，社交媒体产品关注用户消息的发送和接收时刻，电子商务平台关注用户成功下单的时刻，视频产品关注用户成功打开视频的时刻。

2. 可以量化

不能量化的指标无法衡量，因此选择可以量化的指标非常重要。例如，公司的一款产品能提升用户做菜水平，其便将"用户做菜水平"作为北极星指标，但这个指标是无法被量化的，公司无法了解北极星指标最近是变好了还是变坏了。

3. 合理的统计周期

统计周期应该与产品的特性相匹配。对于低频使用的产品，统计周期可能更长，以避免统计方式上的问题。例如报税软件，绝大多数人在每年报税的时候才会使用它，所以产品公司应每年统计一次报税成功的数量。如果产品公司选择了不合理的统计周期，如在每年的第一个月统计，就会得出报税成功的数量急剧减少的结论。这并不能反映产品的实际表现。

4. 可以通过工作优化结果

北极星指标应该能够通过项目工作的改变而发生改变。如果北极星指标与团队的工作无关，团队就可能会感到无从下手。例如，如果负责一款售卖机票的 App 的团队选择飞机准点率作为北极星指标，那么将无所适从，因为这个团队不能做任何工作来影响这个指标。

5. 与公司的主要部门强相关

北极星指标应能够吸引公司的主要部门参与，并对其产生影响。这可以促进公司跨部门的合作，否则与该指标无关的部门员工会认为自己只是被动的配合方，缺乏投入工作的动力，从而在需要配合的时候表现出懒散的态度。

下面列举了一些常见的北极星指标供读者参考，读者可以依据上文的选择原则并结合自己所在公司的情况进行选择。

（1）活跃用户数。该指标适用于社交媒体产品，如 Meta 等。

（2）里程数。该指标适用于提供出行服务的产品，如机票预订、车票预订、网约车等平台。

（3）成交笔数。该指标适用于电商平台，如亚马逊等。

（4）用户使用时长。该指标适用于流媒体播放平台，如 Youtube、音乐 App 等。

（5）订阅用户数。该指标适用于在平台上生成内容的媒体团队，如自媒体公司等。

（6）发布成功次数。该指标适用于记录或分享信息的平台，如 Instagram 等。

思考：为什么不建议流媒体播放（视频或音乐播放）平台将媒体播放的数量作为北极星指标？

答案：对用户而言，流媒体的价值在于娱乐和消磨时间。浏览是一种享受而不是任务，所以媒体播放的数量不是用户追求的，而安静地听完一首歌会给用户带来愉快的体验。

7.2　北极星指标的统计

7.2.1　什么是月活跃用户数

在公司将"月活跃用户数"定为北极星指标后，悟空开始对这个指标展开分析。然而，他很快遇到了第一个问题：什么是月活跃用户数？

最初，悟空觉得这个问题并不复杂。他认为只需要统计公司所有用户的 ID，就可以得出答案了。于是，悟空请求获取了数据库的权限，并获得了一份包含用户 ID 和登录时间的原始数据，部分数据如表 7.2.1 所示。

表 7.2.1

用户 ID	登录时间
23414124	2023-09-08 12:45:35
32543532	2023-09-08 12:45:39
987478283	2023-09-08 12:45:45

在完成了这一系列的操作后，悟空惊讶地发现，本月曾经打开公司 App 的用户数量是之前预估的十多倍！

悟空有点儿慌乱，再次检查了自己对数据的处理过程，确认没有错误后，他迫不及待地将这个"重大发现"告诉了唐僧。

唐僧看了一眼悟空获取的原始数据后，无奈地说："你是通过用户 ID 和登录时间的原始数据来统计月活跃用户数的吗？"

悟空回答："是的，我觉得没问题，每当用户打开我们的 App，系统就会记录一次。进行去重统计后，我认为得到的结果就是我们需要的月活跃用户数。

唐僧提出了两个问题："一个用户能否拥有多个 ID？多个用户是否可能拥有同一个 ID 呢？"

悟空顿时懵了，他之前从未考虑过这么复杂的情况，以为只需要按照一贯的操作方法处理数据就可以了。

唐僧看到悟空一脸茫然的样子，宽慰道："这些都是前人的经验和教训，只要我们注意基本就能避免。"

唐僧又给悟空讲了一个失败的案例："曾经有一家著名的游戏公司，公司团队经过分析后发现大量用户似乎处于'沉睡'状态中，于是花费了巨大的力气视图将这些'沉睡'的用户'唤醒'。可结果发现其实这些用户一直处于活跃状态中，只是又注册了一个新账号而已。"

唐僧语重心长地说："对互联网产品而言，最有价值的并不是纸面上的注册数据，而是实际有多少个用户的需求得到了满足。数据分析不是简单的数字游戏，它的最终目标是了解客观情况、指导问题的解决，并最终带来实际的改进。如果我们只是机械地统计数据，刻板地按照既定的方法执行，那么最终只会徒劳无功。在进行某个指标的统计时，我们必须了解指标的业务含义和数据库的数据口径，以及它们之间的关系，确保它们一致。指标业务含义指的是这个指标在业务上代表什么，例如'月活跃用户数'代表一个月内有多少个真实用户打开了我们的 App。此外，我们还需要了解数据库的数据口径，也就是用户 ID 的生成逻辑。只有这样，我们才能确保统计结果是准确的。切记，一定要对其有深入的了解后，再进行判断。"

7.2.2　如何统计月活跃用户数

听完唐僧的建议后，悟空重新回到自己的工位上，拿出纸和笔，梳理思路。

他需要明确"月活跃用户数"的含义，即每个月从月初到月末打开 App 的真实用户数，每个真实用户只计数一次。

他意识到目前存在两种类型的用户 ID，即注册后并登录的"注册用户"ID，以及未登录但打开 App 的"临时用户"ID。为了弄清楚这两种 ID 的含义，悟空决定向研发部门的同事请教，以了解 ID 的生成和记录规则。

最终，他得到了以下关于用户 ID 和设备 ID 的信息。

（1）如果用户打开 App 但没有登录，系统就会自动生成一个"临时用户"ID。如果用户再次打开 App 时还是没有登录，系统就会生成一个新的"临时用户"ID，用于与之前的 ID 区分。这类用户被称为"临时用户"。

如果用户打开 App 并完成登录，系统会记录用户注册时生成的"注册用户"ID。

（2）除用户 ID 外，系统还会为每个设备生成一个设备 ID，无论是哪个用户使用或登录了该设备，设备 ID 都不会改变。这是每个终端设备独有的 ID，如手机、平板电脑等，部分数据如表 7.2.2 所示。

表 7.2.2

用户 ID	ID 类型	登录时间	设备 ID
23414124	临时	2023-09-08 12:45:35	AER23723
32543532	注册	2023-09-08 12:45:39	IPHONE2324
987478283	注册	2023-09-08 12:45:45	PC214343

现在，悟空需要将真实的用户数统计出来。他根据"用户 ID""ID 类型""登录时间""设备 ID"几个数据完成了"去重"的工作，如图 7.2.1 所示。

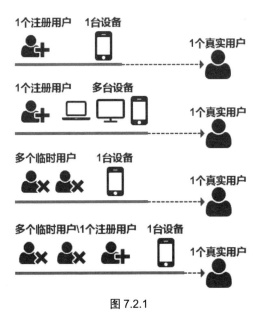

图 7.2.1

（1）1 个注册用户用 1 台设备打开 App，被视为 1 个真实用户。

（2）1 个注册用户使用多台设备打开 App，被视为 1 个真实用户。

（3）多个临时用户使用 1 台设备打开 App，被视为 1 个真实用户。

（4）多个临时用户或 1 个注册用户使用 1 台设备打开 App，被视为 1 个真实用户。

然而，当悟空将自己统计好的数据交给唐僧时，唐僧表示："还有一种更准确的统计方法。我建议你尝试购买一张门票。"

悟空听后很疑惑，他觉得自己已经使用了数据库中的所有可用 ID，难道还有其他更准确的方法吗？

带着疑惑，悟空购买了一张脱口秀的门票。

一开始，购票的步骤并没有什么异常之处，包括选择演出日期、场次和座位等。然而，当进行到选座位的下一步时，悟空发现：现在购买脱口秀门票需要实名制。

既然连姓名和身份证号都有了，那么统计真实用户数必然会更准确。

悟空顿时明白了唐僧的意思，他修正了自己的统计方法，将每个用户注册账号时输入的身份证号作为统计标准，如图 7.2.2 所示。

当同一个身份证号出现在多个账号中的时候，就可以认为这几个账号背后都是 1 个真实用户，可以将其合并为 1 个真实用户。

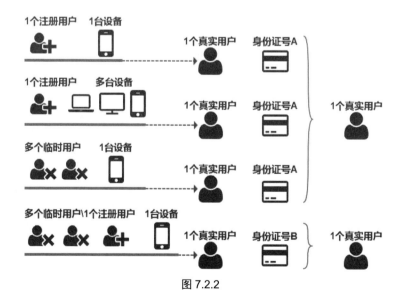

图 7.2.2

　　按照这种统计方法，悟空统计出了公司的北极星指标"月活跃用户数"，他将从去年到今年 2 月的数据梳理成图表，如图 7.2.3 所示。

　　最后，悟空对这个指标进行了分析，并得到了以下结果。

　　（1）月活跃用户数。今年 2 月月活跃用户数为 3.3 万人。

　　（2）环比。相比上一个周期（1 月）月活跃用户数增长了 10%，今年 1 月的月活跃用户数为 3 万人。

　　（3）同比。相比去年 2 月月活跃用户数增长了约 33%。去年 2 月月活跃用户数为 2.2 万人。

　　（4）比较目标。今年平均月活跃用户数的目标为 4 万人，实际与目标相差 8500 人。

　　（5）比较市场。依据咨询公司提供的数据，今年 2 月行业总月活跃用户数为 30 万人，今年 2 月公司月活跃用户数占比为 11%，去年 2 月占比为 11%，公司月活跃用户数有所增长而市场占比不变，可见月活跃用户数随着市场需求的增加而增长。

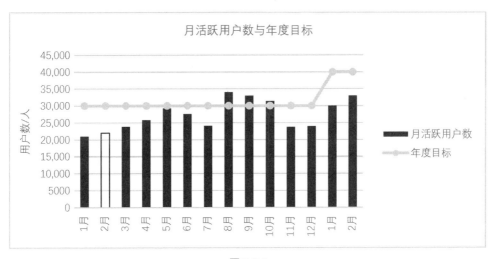

图 7.2.3

7.2.3　多种统计口径的处理

　　统计完月活跃用户数后，悟空认为这件事情就算结束了。但后来他才了解到，这份数据在如来那里又经历了一番波折。

　　在如来的办公室里，唐僧安静地看着眉头紧锁的如来，双方都保持着沉默。

过了许久，如来叹了口气，然后开口说道："今年 2 月月活跃用户数只有 3.3 万人。统计的结果比我们目前公开的数字少了 1/3。你应该明白，这对于我们意味着什么。"

唐僧似乎早就预料到如来会这么说，平静地回答道："但这是使用最合理的口径统计来的，避免了重复计算。我们都应该寻找最接近事实的数据，以指导今后的决策。"

如来却说："难道我们要将使用这个严格口径统计来的数据与竞争对手使用宽松口径统计来的数据进行比较吗？投资人会接受你的解释吗？"

唐僧微微一笑："我并不打算公开这份数据，而是将其作为我们了解真实情况的工具。至于公关部门使用的口径，我不打算干涉。"

如来如释重负地说："公司里有些人很固执，总是和我争论，有些人则只是迎合我，听从我的意见而不反驳。前者可以帮助我推动事情的进展，但也让我很头疼。后者虽然让我心情舒畅，但我不敢把艰巨的任务交给他们。"

他继续说道："只有你，你既能实事求是地解决问题，又不让我为难。公司下半年有一个前往总部学习的机会，我觉得你应该去。你可以向总部学习先进经验，并将先进的经验带回来。"

最后，如来对唐僧叮嘱道："另外，回去后请注意这份数据的保密性，必须严格控制能够接触和处理数据的人员。"

第 **8** 章

数据分析实例：
了解指标规律与变化

在确定了北极星指标与统计口径后，悟空开始了对月活跃用户数的观察。为了解月活跃用户数变化的原因，他调出了当月每天的数据挨个查看。

在观察了一段时间后，悟空发现该指标有时候会呈现一些规律性的变化，例如周六和周日活跃用户数会增多，而到了工作日又会减少。他针对这个情况与唐僧沟通后，唐僧建议他尝试总结数据的规律，并向悟空传授了寻找数据规律的方法。

8.1 观察与总结数据规律

悟空按照唐僧教给他的方法，开始进行数据分析，以下是他的步骤。

（1）确认目标。悟空的目标是寻找活跃用户数变化的规律，以支持对今年活跃用户数的预测。

（2）获得原始数据。他收集了打开 App 的用户 ID、设备 ID、登录时间及购票时输入的实名信息等原始数据。

（3）进行数据处理。悟空对数据进行了处理，将活跃用户数按日汇总，并选择了最近 3 年的数据作为分析的基础。

在完成了准备工作后，悟空首先将最近一个月的数据用柱状图展示出来，以初步查看数据是否存在规律。

1. 初始观察

很快，悟空注意到活跃用户数似乎呈现出周期性的变化，如图 8.1.1 所示。

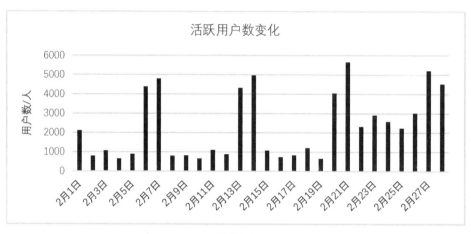

图 8.1.1

2. 按星期观察

为了找出活跃用户数呈周期性变化的原因，悟空将横坐标轴的日期改成了星期，如图 8.1.2 所示。

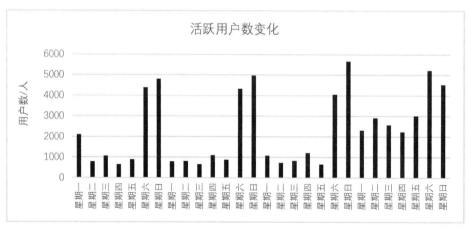

图 8.1.2

通过观察，他发现了一个现象：每到周六日，活跃用户数增加，而在工作日则减少。结合 App 的功能，悟空得出了结论：周六日，用户倾向于使用 App 购买门票，因此活跃用户数增加；而在工作日，大多数人都把时间和精力集中在工作上，因此活跃用户数减少。

就这样，悟空完成了一个基础的数据分析，发现了一个现象和造成该现象的原因。

3．按法定节假日观察

悟空将时间跨度拉长，发现规律似乎被打破了。以往的规律是活跃用户数在周六日增加，在工作日减少，但在某一周内，不仅是周六日，周五的活跃用户数也增加了。

为了找出原因，他在现有的星期的基础上，添加了法定节假日的标签。很快他便发现了原因：那个周五是法定节假日，人们不需要上班，不少用户通过 App 购票观看脱口秀。

4．按月观察

悟空决定改变数据分析的"统计颗粒度"，将统计周期变为每周，并增加月份的信息，如图 8.1.3 所示。

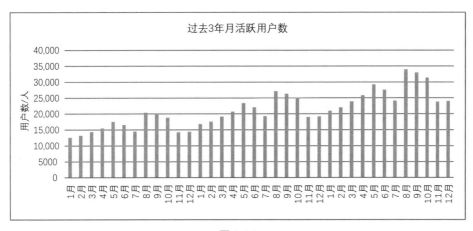

图 8.1.3

通过观察，悟空发现：从每年的 2 月开始，活跃用户数开始增加，一直持续到 5 月达到峰值，然后开始减少，接着从 8 月开始再次出现上涨趋势，然后在 9 月开始再度下降。

5．按气温观察

为了深入分析规律，悟空将全国的平均气温添加到图表中，如图 8.1.4 所示。通过观察，他发现：当气温在 20℃~30℃时，月活跃用户数较多；而在这个气温范围之外，月活跃用户数相对较少。造成这个现象的原因可能为：脱口秀是一种线下活动，观众需要前往表演现场，而气温太高或太低时可能影响观众出门的意愿。

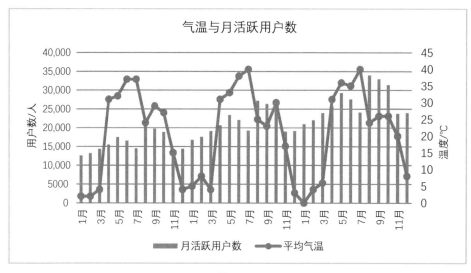

图 8.1.4

6．按天气观察

下面悟空进一步扩展维度，考虑天气因素。这次悟空没有使用复杂的图表，而是直接统计不同天气下的日活跃用户数，如表 8.1.1 所示。他得出以下规律：雨雪天气会对活跃用户数产生负面影响。

表 8.1.1

天　气	日活跃用户数（人）
晴	97
多云	103
阴	98
小雨	76
暴雨	65
雪	32

在完成了对这些数据的观察后，悟空兴奋地看着面前的图表和表格，突然感到自己仿佛掌握了某种规律，具备了未卜先知的能力。他总结了一下自己在这段时间学到的"找规律"的方法。

找规律的具体流程如下。

（1）选择分析的用户类型，如累计用户、活跃用户、沉睡用户、流失用户。

（2）使用不同的统计周期，如日、周、月。

（3）分析每个统计周期的数据变化，包括增加、减少、保持不变。

（4）总结是否存在规律，即是否在固定的时间内发生相似的情况。

（5）尝试找出产生变化的影响因素。常见的影响因素包括周六日、法定节假日、气温、天气、广告、促销活动等。

> **小贴士：接近数据的人通常有更多机会接触管理层**
>
> 无论是发送数据分析报告还是回答与数据相关的问题，都可以看作与管理层进行直接接触的机会。这可能使数据分析师在某种程度上拥有影响力。但务必记住：不能被表面的现象冲昏头脑，接近权力并不代表拥有权力。
>
> 本质上，数据分析师仍然是服务提供者。他们的职责是通过加工数据来为大家提供服务，只不过有时服务对象是管理层罢了。而这项工作通常需要各个部门的合作。正如前文所述，悟空需要了解活跃用户数变化的原因，就需要营销部、产品部和研发部提前告知计划。
>
> 因此，作为数据分析师，如果有机会，那么应尽量帮助公司同事而不是为难公司同事。当与各部门同事建立起良好的互信互助关系时，许多事情就会变得更容易解决。
>
> 当然，需要注意的是，数据分析师首先要对分析结果的读者负责，就像一名厨师首先要对顾客负责。这要求数据分析师确保数据的真实性，以及分析结论的可靠性。不能出现为了维护关系而刻意篡改数据分析内容的情况。如果这样做，那么必然会导致不好的结果。

8.2　与市场进行对比

自从悟空开始对活跃用户数进行观察后，用户的形象开始变得更加清晰，他渐渐感受到这些用户是"真实存在"的。用户不再是冰冷的数字，而是一群真实、有情感的人。他们有自己的喜怒哀乐，会因寻找到自己喜欢的演出而喜悦，会因选不到好的观看演出的位置而苦恼，也会在面对不同的票价时陷入纠结。

悟空对用户的理解又有了新的领悟。他每天都在获取和分析各种数据，充满了乐趣，并时常与唐僧分享他的分析成果。

　　然而，随着时间的推移，唐僧开始意识到悟空的分析存在一些局限性：悟空的视野主要局限在公司内部的数据上，而忽略了外部因素，即整个市场环境的发展和变化。

　　互联网是一个充满变化的环境，信息技术的虚拟性质使得互联网行业的变化速度远远超过传统行业。在现实生活中，我们要建造一座房子，至少需要数月的时间，而在互联网环境下，这个过程可能只需要几分钟。同样，传统支付涉及付款、验证、找零等环节，花费时间较长，而在互联网环境下，完成支付只需要几秒钟。

　　这些例子数不胜数，这种快速的变化使得互联网行业的竞争愈发激烈。在这样激烈的竞争环境中，互联网公司必须更加关注市场环境的变化，感知和适应新的趋势或变化，否则，就有可能被时代抛在后面。

　　小贴士：不关注市场环境会导致产品失败

　　在中国互联网历史中，豌豆荚是一款非常令人惋惜的产品。该产品本身表现出色，没有犯下战略性的错误。然而，由于市场环境的急剧变化，豌豆荚未能跟上这场急剧的变革，在成立13年后，豌豆荚面临着用户数量大幅减少的困境，在竞争中节节败退。

　　豌豆荚诞生初期，正值中国智能手机普及的高潮，各大手机制造商之间展开了激烈的竞争。当时应用市场充斥着各种软件，竞相争夺市场份额。

　　在那个时候，豌豆荚成功地满足了用户在智能手机上增加和管理App的需求，使用户能够轻松找到并安装他们需要的App。蓝海市场和出色的产品让豌豆荚取得了巨大的成功，不到一年就拥有了1000万个用户，不到4年就获得了1.2亿美元的投资。

　　然而，公司成立4年后，市场环境发生了剧烈的变化：市场逐渐被各大手机制造商垄断，手机制造商也开始重视App的下载和管理业务，升级自己的应用市场。由于手机制造商的应用市场与操作系统深度融合，其在速度和功能上都具备天然优势，再加上手机制造商会预装App，让用户在拿到手机时就可以直接使用，因此豌豆荚在竞争中开始处于劣势。

　　尽管豌豆荚凭借积累下来的用户口碑和用户使用习惯仍能保持一定的市场份额，但几年后，App市场竞争已经差不多结束，用户只使用几款常用的App，不再需要频繁安装和卸载App。这导致应用市场的使用频率大幅下降。在这种内外夹击的情况下，豌豆荚日渐式微。

因此，在进行数据分析时，我们不能仅仅关注公司内部的数据。有时候，即使公司的产品表现出色，但如果无法适应市场环境的变化，最终也只能在竞争中失利。

与分析公司内部的数据不同，分析市场环境对悟空来说是一项全新的挑战。他完全不知道该从何处入手。因此，唐僧开始带领悟空进行市场环境分析。

他们面临的第一个问题是"巧妇难为无米之炊"，因为市场的数据很难获取。在分析公司内部数据时，几乎所有数据对他们来说都是公开透明的，即使偶尔有些数据暂时没有统计，也可以很快填补。

然而，当涉及市场环境分析，尤其是竞争对手时，情况就变得复杂了。竞争对手严密地保护他们的核心数据，悟空很难获取到自己所需的关键数据。他渴望进行市场环境分析，却发现自己面临着缺乏数据的困境，这让他感到非常无奈。

唐僧安慰道："悟空，不要着急，数据是进行数据分析的原材料，但数据的获取常常是我们进行数据分析要面临的一个关键挑战，就像厨师想要做菜，但发现食材难以获得一样。"

"在没有现成可用的数据时，我们可以尝试挖掘有用的数据作为替代品，并基于这些挖掘出的数据进行分析，得出有效的结论。能够灵活应对，充分利用手头的资源，这才是一位优秀的数据分析师应该具备的能力。"

然后，唐僧带着悟空开始寻找数据。

和之前一样，唐僧先与悟空明确了本次分析的目标：分析公司的市场占有率变化，看看公司的竞争力如何。

唐僧在悟空面前，翻出了收藏多年的网址，从这些网址中获得了重要的市场数据。

市场数据的获取方式主要有两种。

一种是咨询公司的报告。咨询公司可以通过数据交换的方式获取合作公司的数据，推断出市场的整体情况，包括活跃用户数和 GMV 等数据，最终形成报告。这些报告在市场上具有一定的权威性和可信度。需要注意的是，咨询公司的部分报告是收费的，如果需要可以向咨询公司申请并购买。

另一种是数据开放平台。谷歌、百度等平台会将经过处理的数据开放供公众使用，如果需要可以从中获取某个关键词的搜索次数，从而推断市场规模。

通过以上两种方式,悟空和唐僧得知去年整个市场的平均月活跃用户数为 28 万人,整个市场的平均月成交规模达 4161 万元。

接下来,悟空将获取的市场数据进行了详细对比,并得出了以下结论。

（1）去年,公司的月均活跃用户数在整个市场中的占比约为 9.5%,月均 GMV 在整个市场中的占比为 9.2%。

（2）月均活跃用户数市场占有率下滑,而月均 GMV 市场占有率不变。去年,公司的月均活跃用户数在整个市场中的占比约为 9.5%,较前年下滑了 2.3%。月均 GMV 在整个市场中的占比约为 9.3%,较前年上升了 0.03%,变化可忽略不计。

（3）市场增速放缓。去年,市场的月均活跃用户整体增速为 28%,较前年的 32% 有所放缓。月均 GMV 的增速为 26%,较前年的 34% 有所放缓。

1. 具体数据——公司去年数据

依据公司去年数据,公司的月均活跃用户数市场占比约为 9.5%,月均 GMV 市场占比约为 9.2%,如表 8.2.1 和表 8.2.2 所示。

表 8.2.1

月均活跃用户数市场占比（%）	市场月均活跃用户数（万人）	公司产品月均活跃用户数（万人）
9.5	28	3

表 8.2.2

月均 GMV 市场占比（%）	市场月均 GMV（万元）	公司产品月均 GMV（万元）
9.2	4161	385

2. 具体数据——市场占有率变化

（1）去年,公司的月均活跃用户数市场占有率出现下滑,从前年的 0.98% 下滑至 0.95%。

（2）去年,公司的月均 GMV 市场占有率连续 3 年以 0.01% 的速度上涨,如表 8.2.3 所示。

表 8.2.3

年　　份	月均活跃用户数市场占有率（%）	月均 GMV 市场占有率（%）
大前年	0.97	0.91
前年	0.98	0.92
去年	0.95	0.93

3．具体数据——增速变化

（1）近两年，月均市场活跃用户数和月均市场 GMV 的增速在放缓。

（2）近两年，月均公司活跃用户数和月均公司 GMV 的增速也在放缓，并且比市场整体的放缓幅度更大，如表 8.2.4 和表 8.2.5 所示。

表 8.2.4

年　份	月均市场活跃用户数增速（%）	月均公司活跃用户数增速（%）
前年	32	33
去年	28	25

表 8.2.5

年　份	月均市场 GMV 增速（%）	月均公司 GMV 增速（%）
前年	34	36
去年	26	26

悟空认为自己的这次分析逻辑清晰，数据翔实，便满意地将分析报告以邮件的方式发送给唐僧。

唐僧收到悟空的分析报告后，皱着眉头看了半天，然后叫来悟空对他说："我觉得你的分析报告存在重大问题。"

唐僧指着报告中的结论部分说道："在这里，你提到公司的月均活跃用户数市场占比是 9.5%，而月均 GMV 市场占比为 9.2%。换句话说，我们公司贡献的 GMV 比竞争对手少。这与我们的认知不符。根据以往的经验，我们公司的产品表现出色，演出内容也不错，不应该比竞争对手差。"

悟空立刻反驳道："从数据上看，公司的平均客单价低于市场平均水平。师傅，您不能掩盖问题，应该坦诚面对。"

唐僧深思熟虑后说："我不是要掩盖问题，数据分析的目的是追求真相。有时候，真相可能与我们的认知相悖。但你必须记住，所有与认知相悖的结果都会引起强烈的质疑。面对质疑，你需要依靠坚实的逻辑和数据。"

> **小贴士：留意与尝试相悖的结论**
>
> 　　我们获得的数据分析结论有时可能与大家广泛接受的观点相悖。在这种情况下，我们需要特别小心，在未做好充分准备之前，不要急于与全世界唱反调。请仔

细检查分析过程，审查论证过程和证据。

当人们发现一个结论与他们的认知相悖时，通常不是选择接受，而是进行反驳。当这个结论与周围人的认知相左时，持有这个认知的人会在无形中互相支持，强化他们的立场。

这个结论在公开场合还将受到严密审查，人们会从各个角度质疑它，包括数据的准确性、论证的完整性，即便是微小的瑕疵也会被放大。

因此，当我们获得一个与人们认知相悖的结论时，不要急于公开发表。更明智的做法是先与一些人交流，进行一次"模拟考试"。如果发现了漏洞，那就修复它们，以确保我们的结论经得住考验。

如果经过与一些人的反复讨论，确信自己的结论没有问题，那就毫不犹豫地提出结论，挑战共识。挑战共识固然充满风险，但也正因如此，这个过程才如此令人兴奋。

迎接那些充满质疑的狂风暴雨吧！但在争论过程中请保持头脑清醒，记住我们的目标是追求真相，而不是争论胜负。不要情绪化地看待反对意见，而要保持客观，因为出色的质疑可以帮助我们填补论证过程中的关键缺口。

我们也要善待那些提出质疑的人，他们不是我们的对手，而是与我们一同寻求真相的伙伴。

说到这一点，可能仍然有一些读者感到困惑：对方是反对我的观点的人，我怎么能把他们视为伙伴呢？

下面这个"泊松亮斑"的故事会告诉我们答案。

泊松是一位杰出的科学家，生活在一个激烈争论光的性质的时代。当时，人们就光到底是粒子还是波展开了激烈的争论。有一派人坚持"粒子说"，即认为光就像一颗颗微小的粒子，按直线轨迹前进并照亮物体。而另一派人则坚持"波动说"，即认为光就像水中的波浪，从一端传播到另一端。

泊松是"粒子说"的坚决支持者，为了反驳"波动说"，他进行了计算并提出了一个假设：如果光是波动的，那么它应该能够绕过圆形障碍物，并在其背后形成一个亮斑。他原本认为只需要大家观察一下，发现障碍物背后没有亮斑，就能否定"波动说"的观点。

然而，令他意想不到的是，当大家进行实验后，发现障碍物背后竟然真的出现了一个亮斑。泊松的怀疑之处反而成了对手的有力证据！

更有趣的是，如果不是泊松凭借他的数学天赋来计算这个亮斑，对手也许就无法找到这个论据。因为这个亮斑的原理是泊松提出的，所以大家将这个亮斑命名为"泊松亮斑"。

这个故事告诉我们，出色的对手有时能够找出我们论证中的漏洞，而当这些漏洞被填补时，论证反而更加强大。当然，前提是这些漏洞确实能够被修复。否则，我们应该大方承认自己的错误。

唐僧认为悟空得出的"公司的平均客单价低于市场平均水平"的结论与大家的认知不符。经过一番思考，唐僧找到了悟空报告的问题所在。

唐僧向悟空询问："你所提到的'市场活跃用户数'是如何获取的呢？"

悟空回答说："这个数据是直接从咨询报告中获取的。"

唐僧继续问道："这个数据的统计方法是否与我们公司的'活跃用户数'统计口径相同？"

悟空恍然大悟："这两者的统计口径可能存在差异，所以我不能简单地将它们相除！"

悟空对报告进行了修改，删除了有关月均用户市场占有率的部分后，重新提交了报告。最终，大多数人认可了报告的结论。

第 **9** 章

数据分析实例：
提升营收效率辅助产品升级

在最近一段时间里，悟空一直热衷于围绕公司产品的活跃用户数进行各种分析。

忽然有一天，唐僧向悟空提出了一个问题："我们的活跃用户数在不断增长，这表明有很多用户下载并打开了我们的 App，但这些用户在使用了我们的 App 后，他们的需求是否得到了满足呢？是否存在许多被广告吸引而来的新用户只是浏览而不购买的情况呢？"

如果一个产品吸引来了大量的用户，但无法满足这些用户的需求，那么这个产品将面临用户不断流失的问题。即使广告宣传做得很好，吸引了大量新用户下载和打开产品，也只是一时的利好。一旦广告预算减少，产品的活跃用户数就会迅速下降。

悟空认为唐僧提出的问题确实很重要，于是他进一步向唐僧请教："那么，我们该如何衡量产品是否满足了用户的需求呢？"

唐僧回答："转化率。"

9.1 研究转化率情况

为了深入研究唐僧提出的"用户只浏览而不购买"的问题，悟空决定将转化率这个概念应用于分析。他将问题具体化为："有多少个活跃用户最终被转化为了成交用户"。

为了更好地分析转化率的情况，悟空采用唐僧之前教授的方法，绘制了用户旅程地图，如图 9.1.1 所示。具体步骤如下。

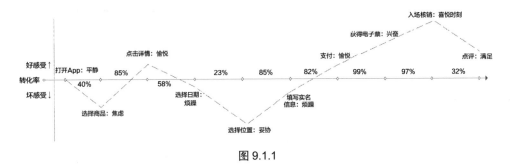

图 9.1.1

首先，悟空详细列出了用户使用产品的所有环节，从打开 App 到最终完成点评的过程。

其次，悟空添加了用户情绪变化，并特别标注了"喜悦时刻"。通过这些分析，悟空希望能够更好地理解用户在使用产品时的行为，以及他们在整个用户旅程中的情绪变化，以采取措施提高产品的用户满意度和转化率。

最后，他在每个环节填写了相应的转化率数据。

小贴士：关注喜悦时刻

喜悦时刻，又称啊哈时刻，是德国心理学家卡尔·达里乌斯提出的心理学概念，它表示人们在思考过程中突然经历的特殊、愉悦的体验，从而使人们对之前不太明了的某个情境产生深刻的认识。如果读者觉得这个表述太复杂或难以理解，可以将其理解为茅塞顿开、醍醐灌顶或恍然大悟等意思。

每个成功的产品背后都会有一个或多个喜悦时刻，这些时刻是用户在使用产品时感受最好的时刻。这些时刻激励着用户继续使用产品，为之付出努力，因为他们期待再次获得这种愉悦感和成就感。因此，了解和优化这些喜悦时刻对于提高产品质量和用户满意度至关重要。

在仔细研究用户旅程地图后，悟空提出了一个问题：为什么从"选择日期"到"选择位置"的转化率非常低呢？

悟空向一位叫沙僧的同事请教这个问题，但对方听后流露出了不耐烦的表情。

这位同事已在行业内摸爬滚打了十几年，他以过来人的口吻告诉悟空："悟空，你能提出这样的问题，说明你对我们这个行业了解还不够。从'选择日期'到'选择位置'本来就存在很高的流失率，因为在这个过程中，用户会仔细比较不同位置的优劣，考虑再三后，有些用户会放弃购买。相信我，23%的转化率已经是相当正常的了。"

悟空听了这样的解释后，进一步追问道："是不是所有的演出场次在这个阶段的转化率都不高呢？竞品的转化率怎么样？如果竞品的转化率较高，那么我们能否学习借鉴，以提升转化率？"

沙僧听到后，脸色一变，有些犹豫地说："不同的演出场次在这个阶段的转化率都会有所不同，而且这些数据都是竞争对手的机密，他们不会轻易告诉我们。总之，你要相信我，这个转化率普遍偏低。"

悟空决定不再与沙僧争论。他暗下决心，要凭借自己的力量来了解不同演出场次从"选择日期"到"选择位置"的转化率。即使最后的结论与沙僧所言相同，那也是一个重要的发现，之后他就不需要在这方面投入过多精力了。

> **小贴士：保持好奇心是提升技能水平的钥匙**
>
> 数据分析虽然不难入门，但要持续提高分析水平并不容易。其中最关键的因素之一是保持好奇心，它激励着我们不断克服难题，深入挖掘问题的本质。想象一下，如果悟空没有好奇心，只是出于完成唐僧交代的任务而行动，那么当他听到沙僧的回答时，可能会满足于现状，对于真相的探求可能就不再那么重要。

为了解决转化率这个问题，悟空决定采用一种探索性方法，即"做比较"（详细方法请参考本书的相关章节）。

他比较了不同演出场次的转化率，并注意到一个有趣的现象：门票售卖率较高的演出场次，在从"选择日期"到"选择位置"的转化率方面表现较差，如表 9.1.1 和图 9.1.2 所示。

看完数据后，悟空再次打开 App 进行了几次操作，提出了一个相对合理的猜测：当门票售卖率很高时，由于心仪的座位已经售罄，许多用户便在"选择位置"步骤退出，从而导致转化率下降；门票售卖率越低，用户就越有可能选到他们心仪的位置，从而导致转化率上升。

悟空将他的发现向唐僧汇报，并提出了自己的解决方案：在演出详情页面或场次选择页面提示剩余座位数量。这样用户在进入页面时将有更多可供选择的座位，避免选择剩余座位较少的日期。

表 9.1.1

演　　出	从"选择日期"到"选择位置"的转化率（%）	门票售卖率（%）	门票数量（张）	门票平均价格（元）
幽默解闷特别演出	54	27	256	295
幽默放松周末	25	41	232	868
笑破肚皮娱乐秀	46	28	270	308
笑料大放送	25	44	235	268
轻松解压喜剧秀	23	53	121	154
快乐驱赶疲劳演出	50	26	296	878
开心周末脱口秀狂欢	22	62	117	649
解压周末	30	44	153	404
欢笑无限周末狂欢	48	22	292	924
欢乐逗笑	30	40	211	355

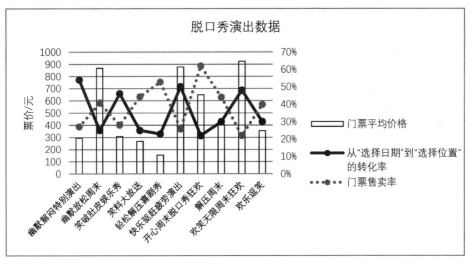

图 9.1.2

之后，悟空也将数据分析结果分享给设计和研发团队的负责人，其方案也得到了他们的支持。最终，该项目在半个月后成功上线，从"选择日期"到"选择位置"的转化率明显提高。

悟空的出色表现引起了研发团队负责人的注意，他表示下次有类似的项目可以直接找他，大家可以一起合作完成更多项目。

9.2 提升利润

自从发现了提升转化率的方法后，悟空非常有成就感，他开始将更多的精力投入数据分析中，寻找更多提升转化率的方法。

很快，他又有了新的发现：票价与转化率呈反比关系，即演出场次的门票价格越便宜，转化率越高。有了这个发现，悟空思考是否可以改变首页内容的排序，将票价更便宜的演出场次放在前面，从而提升转化率。

然而，这个提议却遭到了唐僧的否决。唐僧说："悟空，你最近太专注于'转化率'这个'过程指标'，也就是说你将提升转化率当成了一个任务，却忘记了我们提升转化率的最终目的是提升利润这个'结果指标'。因此，基于利润这个'结果指标'的考量，优先售卖低价票是会出问题的。"

悟空听完唐僧的建议后，进行了反思，意识到自己陷入了只分析数据，不研究问题的误区，忽视了最终目标。

之后，他不再过度执着于转化率这个过程指标，而是试图从唐僧和公司 CEO 的视角来审视问题。

经过与唐僧的沟通，悟空明确了公司目前希望提升的指标不仅包括月活跃用户数，还包括利润。而利润与 GMV 成正比，因为公司与脱口秀演出公司的合作方式是按销售额抽取一定比例的提成，即每售出一张票，公司可以获得票价的 5%作为利润。

> **小贴士：数据分析是为了解决问题**
>
> 数据分析的真正目标在于发现和解决问题。在进行数据分析的过程中，当我们发现现有的信息不足以支持我们的分析时，应该积极主动地寻求更多的信息，以使我们的分析过程和结果更具说服力。正如悟空在分析转化率时陷入"只分析数据，不研究问题"的误区一样，唐僧及时将他拉了出来，引导他回归问题本身。
>
> 这个问题的根源在于视角的不同。悟空一直站在执行者的视角，专注于自己手头的任务，而忽略了工作的目标不仅是完成任务，还包括解决公司的问题。视角问题是员工成长中的一个关键点。有些员工之所以会获得提拔，是因为他们能够证明自己有能力胜任更高级的职位。作为员工，我们也要能够尝试从领导的角度看问题，思考问题，而不是只专注于手头的工作。
>
> 当有一天我们的看法和领导类似，思考问题的角度与领导接近时，我们不仅能

够更好地完成手头的工作，还能够提出领导希望获得的建议。视角的成长，标志着我们将在职场中获得更高层次的成长。

在获取了必要的信息后，悟空决定将分析的重点调整为如何提升利润。他一步步地列出了影响利润的因素，并最终得出了以下公式。

利润=GMV×公司抽成比例

GMV=门票平均价格×门票售卖数

门票售卖数=活跃用户数×用户平均购票数

将以上公式合并，得出：

利润=活跃用户数×门票平均价格×用户平均购票数×公司抽成比例

考虑到公司的现状，悟空对每个因素进行了思考，寻找是否存在快速提升的方式。

（1）活跃用户数提升难度高。目前，活跃用户数是公司的核心指标，公司已经尝试过各种方法，悟空难以靠自身力量快速提升它。

（2）门票平均价格提升难度高。门票平均价格由演员所在的公司决定，公司已有专门团队负责，悟空难以干预。

（3）用户平均购票数提升难度中等。用户平均购票数受多种因素影响，公司可以考虑提高用户的购票频率或单次购票数量，悟空认为这方面有改进的空间。

（4）公司抽成比例提升难度极高。公司抽成比例直接影响公司利润，谈判由专门部门负责，悟空几乎无法介入。

在寻找提升公司利润的方法时，悟空认识到自己能够影响的因素只有用户平均购票数。因此，他决定从他擅长的数据分析入手，对用户购票数情况进行总结。

他整理了以下数据，如图 9.2.1 和表 9.2.1 所示。

通过观察，悟空发现了一个现象：大多数用户选择购买 1 ~ 3 张门票。针对这个现象，悟空再次咨询了沙僧。

沙僧自上次与悟空讨论从"选择日期"到"选择位置"的转化率问题后，一直对悟空有些不满，认为悟空在他提出结论后仍继续研究这个问题，动摇了他在公司的权威地位。

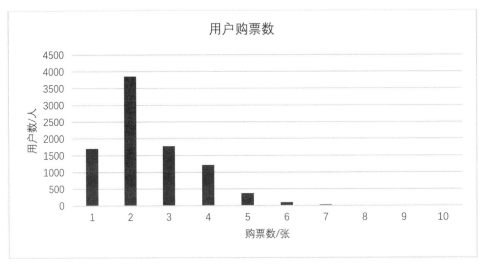

图 9.2.1

表 9.2.1

用户购票数（张）	用户数（人）
1	1707
2	3857
3	1779
4	1216
5	371
6	99
7	27
8	5
9	3
10	6

所以，当悟空将问题留言给他的时候，他看到后并没有回复，以自己忙、忘记为由逃避问题。

他觉得这样做能让悟空吃个暗亏，可正当他暗自得意的时候，看到悟空拿着笔记本电脑，向他的工位走了过来。

沙僧心里一惊，心想悟空不会是来找自己算账吧。如果在众人面前被新员工责难，他在公司的权威性可能会受损。

沙僧正想到这里，悟空已经走到他的面前。

但出乎他的预料，悟空来找他不是为了吵架。相反，悟空客气地展示了数据并向沙僧请教：为什么大多数用户选择购买 1~3 张门票。

看到数据后，沙僧立马来了兴趣，将吵架的事情抛到脑后。他对悟空说："对一个有经验的人来说，这种现象再正常不过了。想想看，我们去观看演出，通常只有 3 种情况。要么一个人闲得无聊，买一张门票消遣；要么情侣或夫妻约会，需要两张门票；要么父母带着孩子，需要 3 张门票。明白了吗？"

悟空听后茅塞顿开，接着问道："如果我们能针对不同用户群体的需求开展定制化营销活动，例如情侣购票可以享受折扣，或者一家三口购票可以免费领取小玩具，那么能否让更多人购买门票，从而提升转化率呢？"

沙僧立刻表示："这个主意不错！实际上，我也有这个想法，既然你已经理解我的意思，就按照这个方向继续推进吧。"

悟空又向沙僧表示了一番感谢，然后离去。

不久，情侣套票和家庭套票的功能上线，有些原本打算独自观看演出的人在看到购买两张或三张门票有折扣后，决定带上自己的伴侣或一家三口一起观看演出。结果，购买一张门票的人数略微减少，但购买两张或三张门票的比例明显上升。

小贴士：分清敌友

"谁是我们的敌人？谁是我们的朋友？"实际上，这是我们在工作中需要解决的首要问题，尤其对在大公司工作的职员来说。即使再有实力，忽视了部门之间的合作，我们也很难独立完成任务。

但公司各部门都有自己的目标，每个人也难免有自己的小心思。可能我们想做的正是他人需要极力阻止的。这就造成了合作的复杂性。

这就要求我们学会合作，敢于斗争。

合作的首要问题是清楚地识别敌友，明确了解谁是合作伙伴，谁可能会对我们达成目标构成挑战。

悟空非常清晰地认识到他的最终目标是提升公司利润，而不是让沙僧感到尴尬。因为沙僧对于"提升公司利润"的任务并不反感，双方有共同的合作基础，基于这种情况，悟空自然而然地选择与沙僧合作，而非对抗。

在这种心态下，面对沙僧态度上的敷衍和可能出现的刁难，悟空表现出足够的耐心和热情。最终，悟空从沙僧那里得到了他所需要的答案，并借助沙僧的权威性增强了项目的可信度，使工作顺利进行。

第**10**章

数据分析实例：
寻找用户增长机会

在唐僧的鼓励下，悟空将数据分析的过程和结果汇总成报告，并通过邮件分享给了团队成员。这份数据分析报告推动了多个项目顺利落地，并最终取得了令人满意的成果。

悟空渐渐地在公司获得了一定的影响力，许多人都知道有一位擅长数据分析的同事加入了团队。人们还注意到，悟空在讨论问题时善于运用数据来统一讨论背景，从而迅速得出结论。

随后，一些负责重要项目的同事主动找上门来，期望得到悟空的协助。

八戒在这段时间内被调到了用户增长部门，该部门的主要目标是实现用户增长。然而，最近他负责的几个重要项目进展并不顺利，虽然在有些项目上投入了大量精力和时间，但都未达到预期的成果。照这个趋势发展下去，他所在的部门可能难以完成用户增长目标。于是，八戒找到唐僧，希望他和悟空能够参与进来，共同负责"大唐社区团购"App，实现用户增长目标。

唐僧经过深思熟虑，最终答应了。

悟空一开始并没有完全理解为什么要将大量时间投入同事负责的项目上，毕竟自己还有任务。但直到半年后，当唐僧升任八戒的主管，负责公司的用户增长和利润提升时，悟空才明白了其中的深意。唐僧通过一系列项目，向如来证明了一个事实：他有能力解决八戒难以解决的问题，能达成八戒难以达成的目标，并具备统筹规划用户增长和利润的能力。

> **小贴士：持续增长的重要性**
>
> 在互联网公司中，实现持续增长是至关重要的目标。在竞争激烈的市场环境中，公司的估值常常取决于其增长速度和潜在增长空间。如果未能满足增长预期，公司的估值可能会大幅下降。
>
> 因此，公司通常会投入大量资源来实现持续增长。然而，这并非一件易事。尤其是在竞争激烈的市场环境中，能够有效地将资源分配到合适的渠道上是一项至关重要的能力。那些能够合理分配资源并实现持续增长的公司，更容易受到市场的认可。
>
> 当公司在资源投入的效率和数量上均超越竞争对手时，就会占据优势地位。关于这一话题，读者可以参考 1.3 节中提到的"百团大战"的案例，了解如何通过数据分析来确定正确的资源投入渠道。

10.1　罗列与分析方向：新客构成分析

唐僧在接手项目后，决定先从了解现状入手，以制订相应的计划。

> **小贴士：了解现状是最常规的开始方式之一**
>
> 当我们接手了一个项目，却不知该从何处进行分析的时候，可以尝试从了解现状开始。因为不论是总结过去的经验教训还是规划未来，了解现状都是不可或缺的。

唐僧带着悟空和八戒，梳理了目前活跃用户的来源，如表 10.1.1 所示。

表 10.1.1

流量分类	具体渠道	用户数量（人）	用户平均成本（元）
营销触达	搜索引擎广告	243	36.5
	社交媒体广告	262	16.5
	视频平台广告	219	76.1
	短信触达	101	5.3
社交裂变	"砍一刀"	6548	2.1
自然流量	应用市场	3209	0
	主动访问	209	0

通过观察，唐僧发现"砍一刀"活动吸引的用户数量最多，而且用户平均成本相对较低。

然而，经过调查，唐僧开始怀疑这个活动的效果。尽管不少用户通过这个活动打开了 App，但其中大多数用户似乎并没有真正的需求，他们只是受其他用户的邀请打开了 App 而已。经过深入思考，唐僧得出了答案：当前的数据分析之所以不能全面地反映目前活跃用户的来源情况，是因为缺少一个关键的维度，即用户留存率。

用户留存率指的是在某一段时间内开始使用产品，并在经过一段时间后继续使用该产品的用户所占的比例。它通常以日、周或月为单位进行统计。用户留存率反映了产品的质量，以及其留住用户的能力。

在唐僧的指导下，悟空开始分析不同渠道 App 的用户留存率。他首先从数据库中提取了一些数据，部分数据如表 10.1.2 所示。

表 10.1.2

用户 ID	是否通过"砍一刀"活动打开 App	参加"砍一刀"活动的时间	打开 App 的时间
224323	是	2023-02-03 14:23:18	2023-02-03 14:23:58 2023-02-04 14:27:48
234278	否	2023-02-04 11:23:38	2023-02-05 14:13:28
224345	是	2023-02-03 17:23:22	2023-02-07 15:23:38

悟空随后对数据进行了如下处理。

（1）筛选出通过"砍一刀"活动打开 App 的用户。

（2）处理用户打开 App 的时间，统计参加"砍一刀"活动的用户，在参加活动后的 30 天内是否有再次打开 App 的行为，若至少一次再次打开 App，则认为该用户在 30 天内被成功留住。留存用户数除以所有参加活动的用户数就可以得出 30 天留存率。

悟空处理好这部分数据后，对其他渠道的数据也进行了相似的处理，从而计算出每个渠道的用户在 30 天内再次打开 App 的次数，即 30 天留存率，如表 10.1.3 所示。

表 10.1.3

流量分类	具体渠道	用户数量（人）	用户平均成本（元）	30 天留存率（%）
营销触达	搜索引擎广告	243	36.5	32
	社交媒体广告	262	16.5	22
	视频平台广告	219	76.1	42
	短信触达	101	5.3	32

续表

流量分类	具体渠道	用户数量（人）	用户平均成本（元）	30 天留存率（%）
社交裂变	"砍一刀"	6548	2.1	2
自然流量	应用市场	3209	0	42
	主动访问	209	0	51

看到加入 30 天留存率得到的分析结果后，八戒差点瘫坐在椅子上。原来通过"砍一刀"活动吸引来的用户在 30 天内几乎没有再次打开 App 的情况。这也解释了为什么尽管当初"砍一刀"活动带来的效果看起来不错，但实际上很不理想。

看着有些丧气的八戒，唐僧安慰道："别担心，找到问题并及时纠正总比一直带着错误继续前行要好。试错是项目成功的重要组成部分之一。"

唐僧、八戒和悟空一同重新审视了数据，计算了活动后 30 天留存用户平均成本，并对各渠道进行了重新评估。他们发现，效果最好的渠道是社交媒体广告、视频平台广告、短信触达，如表 10.1.4 所示。

表 10.1.4

流量分类	具体渠道	用户数量（人）	用户平均成本（元）	30 天留存率（%）	30 天留存用户平均成本（元）
营销触达	搜索引擎广告	243	36.5	32	114.1
	社交媒体广告	262	16.5	22	75
	视频平台广告	219	76.1	42	181.2
	短信触达	114	2.4	32	7.5
社交裂变	"砍一刀"	6548	2.1	2	105
自然流量	应用市场	192	0	42	0
	主动访问	3209	0	51	0

小贴士：短期收益与长期价值

在通常情况下，我们在评估活动效果时会优先考虑"短期收益"。通过比较活动前后的情况，我们可以很容易地得出初步结论。然而，有时我们容易忽略用户的"长期价值"。发生这种情况的原因之一是我们可能没有建立正确的 LTV（用户终生价值）意识。用户终生价值是指公司从用户所有的互动中所得到的全部经济收益的总和。

尽管短期收益在短期内非常重要，但如果我们能够考虑到用户的长期价值，那么我们将拥有全面的分析视角。在分析数据时，我们不仅要盯着眼前的结果，还要将视野放宽，从公司管理层或 CEO 的角度思考问题。只有这样，我们才能找到正确的目标和方法。

> 　　一位第三方支付平台的高管回顾了公司产品上线时的一件事情：当产品刚上线时，由于功能不够完善，部分用户遭受了损失。法务部门讨论后认为，有一部分损失公司不需要进行赔偿。然而，最终公司管理层决定全额赔付给用户。
>
> 　　做出这个决策是因为管理层考虑到了用户的长期价值。尽管公司不赔付用户可能会在当时节省开支，但可能会失去用户的信任，最终造成不易察觉的潜在损失。

10.2　评估成本/收益：计算投入产出比

经过分析，唐僧决定大幅减少在"砍一刀"活动上的预算。

那么，这些被减少的预算应该投入哪个环节，才能使活跃用户数和 GMV 提升呢？

这是一个典型的渠道选择问题，但解决它并不容易。面对之前收集的上百个推广渠道和推广方案，悟空和八戒感到有些不知所措。

唐僧却微微一笑，拿出了一份公司内部流传已久的表格，如表 10.2.1 所示。

他将利用这份凝聚前人经验的表格，完成对渠道的筛选。

表 10.2.1

流量分类	具体渠道	用户数量（人）	用户平均成本（元）	30 天留存用户平均成本（元）	渠道最多可贡献用户数（元）	客单价（元）	优先级

这份表格主要由以下几个模块构成。

1. 流量分类与具体渠道

流量分类分为众多具体渠道。例如，营销触达是一个流量分类，但可以进行营销触达的平台很多，每个平台的效果都不尽相同。如果不对它们进行区分，就无法准确评估各个平台的效果，难以找到问题。

2. 用户平均成本

用户平均成本是指渠道吸引每个用户所需的平均费用。这个指标值通常应尽量低。例如，如果在百度搜索上投放广告，总花费 1 万元，吸引了 100 个新用户，那么用户平均成本就是 100 元（1 万元÷100）。

3. 30 天留存用户平均成本

30 天留存用户平均成本是指通过特定渠道获得的用户在 30 天内继续使用 App 的平均费用。考虑这个指标是为了避免"一锤子买卖"的情况。例如，如果在百度搜索上投放"脱口秀演出"这个关键词广告，总花费 1 万元，吸引了 50 个 30 天留存用户，那么 30 天留存用户平均成本就是 200 元（1 万元÷50）。

4. 渠道最多可贡献用户数

渠道最多可贡献用户数是指在预算充足的情况下，每个渠道最多可吸引的用户数。考虑这个指标是因为渠道流量有上限的情况。例如，如果发现在百度搜索上投放广告的效果非常好，用户平均成本和 30 天留存用户平均成本都很低，那么理论上可以将全部预算投入其中以获得最佳效果。然而，这个渠道流量有限，即使购买了所有广告位，也无法实现用户增长的目标。

5. 客单价

客单价是指每个用户在平台上的平均消费金额。有些渠道的用户平均成本很低，但这些用户可能只购买最便宜的商品，或者根本不购买商品。有些渠道的用户平均成本虽然略高，但吸引来的用户更有可能完成交易，并且每次会购买大量商品。客单价可以直观地反映这两种情况的差异。

6. 优先级

优先级是指结合以上几个因素，确定每个渠道的预算分配，同时根据实际效果进行调整。

悟空和八戒仔细观察了表格后，相互交换了一种充满欣喜的眼神。对他们来说，这不只是一份普通的表格，它更像是通往项目成功之路的宝贵指南！

在接下来的几天里，悟空和八戒开始不遗余力地收集各个渠道的数据，希望能够尽快填充表格中的内容，以选择适合的渠道，从而吸引尽可能多的高质量用户。

然而，当事情进行到一半时，悟空和八戒陷入了困境：之前将太多的预算投入"砍一刀"项目中，导致许多其他渠道都没有投入预算，自然也就没有相应的数据。

在他们感到束手无策之际，唐僧出现了。

唐僧说："没有数据，我们就创造数据。将那些尚未投放的渠道都尝试一下！"

悟空说："但这样一来，我们的预算可能会被用光，而且获取数据后也没有剩余的预算了。"

唐僧说："我们只需测试各个渠道的效果，不需要将全部预算都投入其中。先拿出10%的预算来测试所有渠道。然后将剩下90%的预算投入效果最好的渠道中，这就是互联网中常用的'灰度测试'。"结果如表 10.2.2 所示。

表 10.2.2

流量分类	具体渠道	用户数量（人）	用户平均成本（元）	30 天留存用户平均成本（元）	渠道最多可贡献用户数（人）	客单价（元）	优先级
营销触达	搜索引擎广告	243	36.5	64.1	2958	213	P0
	社交媒体广告	262	76.5	75	2396	94	P2
	线下广告	219	76.1	75.2	2317	116	P1
社交裂变	"砍一刀"	114	2.4	102.5	无限	50	P3
自然流量	主动访问	1297	0	0	无限	192	无法直接影响

小贴士：常见的两种测试方法

1. 灰度测试

灰度测试是指在某个产品或应用正式发布之前，选择特定的用户群体进行试用，逐步扩大试用范围，以及时发现和解决问题。其核心思想是先进行测试和观察，在发现问题后及时纠正，然后逐步扩大测试范围。这样可以有效避免问题对整体产生重大影响。在这里，唐僧需要获取数据来指导预算分配，因此他提出先拿出 10%的预算来测试所有渠道，然后将剩余的 90%的预算投入效果最好的渠道中。

2. A/B 测试

A/B 测试主要用于在不同方案之间进行选择。简而言之，A/B 测试就是同时测试两个不同的方案（如两个页面），以确定哪个方案更好。

10.3 提升投入产出比：减少预算的浪费

唐僧最近很烦恼。身为"大唐社区团购"App 的负责人，他正面临一个难题：该

App 目前正处于用户规模迅速增长的阶段，但两个运营团队分别提出了不同的拉新方案，他不知道应该如何分配预算。

A 团队认为，由于 App 是社区团购类的，让小区居民知道我们的商品种类丰富是至关重要的，因此，广告内容应突出"商品种类齐全"。

B 团队则认为应该在广告中突出"首件商品 1 元"，吸引用户安装 App，之后他们自然会在 App 中发现我们的商品种类丰富。

两个团队都坚信自己的方案是最佳的。在各自进行了一轮投放后，当到了增加预算的时候，他们都希望获得更多的预算，这导致了冲突的产生。

B 团队指责 A 团队的方案转化率低，每个新用户的平均成本较高，用户数量无法迅速增加，最终无法实现目标。

A 团队则指责 B 团队的方案只会吸引那些追求便宜的用户，虽然在短时间内数据看起来不错，但最终留下的忠诚用户数量肯定有限。

唐僧思考了片刻，将悟空叫来，询问他的建议。

悟空说："要不各投入一半？"

唐僧不同意，因为当前预算有限，他的目标是使用户规模增长，而不是追求平衡。

接着，悟空提出了一个关键性的问题："你分配预算的目的是什么呢？是增加新用户的数量，还是吸引高质量的用户？"

唐僧没有被悟空的问题迷惑住，坚定地回答道："两者兼顾，我希望能吸引尽可能多的高质量新用户。只有这样，才能最终实现提升'成交单量'的目标。"

悟空点头说："也就是说，提升'成交单量'才是我们的最终目标，我明白了。我会进行分析，明天给您答复。"

回到工位上，悟空开始了数据分析。首先，他明确了分析的目标：在有限的预算下，从 A 团队和 B 团队提出的方案中找出可以更有效地提升"成交单量"的一个。这是一个涉及投入产出比的问题。

然后，他开始进行拆解。"成交单量"可以分解为"购买用户数"乘以"购买频率"。

悟空选择了分析时间段：30 天。之所以选择 30 天作为分析时间段，是因为如果时间太短，会对只购买一次的用户产生分析误差。

他选择对 A 团队和 B 团队最近 30 天投放广告获取的新用户进行分析。

拆解工作完成后，他从数据库中获得了以下原始数据，如表 10.3.1 所示。

表 10.3.1

用户 ID	打开 App 的渠道	打开 App 的时间	成交单量（件）	成交价格（元）
241242	营销渠道 A	2020-12-01 21:06:35	23	3
2144244	营销渠道 B	2021-10-01 21:03:35	11	23
3435535	主动访问	2020-11-01 21:06:35	42	34
……	……	……	……	……

获得原始数据后，悟空决定采用分类法和对比法进行分析。他将 A 团队和 B 团队的用户均分为两组，即新用户组和老用户组，然后对比两组用户的购买频率。

为了进行对比，悟空首先对数据进行了清洗。他将打开 App 的时间清洗成日期，因为在这个分析中具体的时间并不是关键因素。原始数据中的具体时间如 2020-12-01 21:06:35，经过清洗后只保留了日期部分，如 2020-12-01。

最后，悟空对数据进行了透视，并制成了图表，如图 10.3.1 所示。

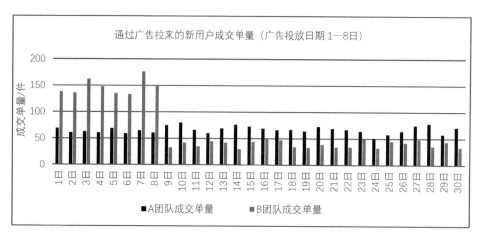

图 10.3.1

很明显，在有广告投放的前 8 天，采用"首件商品 1 元"的 B 团队成交单量表现明显优于 A 团队成交单量。然而，在广告停止投放后，B 团队的成交单量明显减少。

接着，悟空进行了求和操作，得到了以下结果，如表 10.3.2 所示。

表 10.3.2

团　　队	营销预算（元）	总成交单量（件）	单笔成交成本（元）
A 团队	10 万	1934	51.7
B 团队	10 万	2178	45.9

由表可知，B 团队的成本更低。但是这笔预算不仅会带来新用户，还会促使不少老用户通过这个广告进入 App 进行购买。我们能不能把老用户的购买也算作广告带来的呢？

答案是否定的，因为与新用户不同，即使在没有广告触达的情况下，老用户也有可能打开 App 购买商品。所以我们需要对比通过广告打开 App 购买商品的老用户的"打开率""购买率"与未通过广告打开 App 购买商品的老用户的"打开率""购买率"。

最终悟空发现，两者相差无几。也就是通过广告打开 App 的老用户之所以购买商品，并不是因为广告。

分析到这里，似乎结论就出来了。但是悟空总觉得有些不对劲，似乎有一部分被遗漏了。

关键点在于"预算"带来的"成交单量"。在排除老用户的情况下，似乎这些"新用户带来的成交单量"和"预算"是存在因果关系的，没有预算就没有成交单量。

问题出在预算上。

B 团队的"首件商品 1 元"方案除了广告的投放成本，还涉及将商品便宜出售的成本！

> **小贴士：寻找全局最优解**
>
> 作为数据分析师，一切的分析最终都是为了解决公司的问题，而不是完成一项任务。所以我们在考虑问题的时候，不要从悟空的角度出发，认为完成任务即可，要从悟空的领导，也就是这个 App 负责人的角度出发，寻找全局最优解，而不是沉迷于寻找局部最优解。

最终，最后一块拼图被拼上。

经过调查，悟空得知 B 团队的"首件商品 1 元"方案吸引来的用户首次购买的商品价值 50 元，一共有 600 个新用户购买了 1 元的商品。即每个新用户完成购买后，公司就得投入 49 元的成本。

两个团队的对比结果如表 10.3.3 所示。

表 10.3.3

团　　队	营销预算（元）	总成交单量（件）	单笔成交成本（元）
A 团队	10 万	1934	51.7
B 团队	10 万+（49×600）	2178	59.4

就这样，悟空根据数据分析结果撰写了报告交给了唐僧，并提出了自己的建议。

（1）综合考虑，A 团队的成本更低。

（2）如果 B 团队能将方案的额外支出降低到每件 20 元以下，B 团队仍然有竞争优势。

（3）两个团队的方案仅对新用户有用，并不能促使已看到广告的老用户增加购买量。但是我们的广告触达了老用户，导致部分预算浪费。

第二天，唐僧根据悟空的建议，将预算分配给了 A 团队，并提供了充分的理由。他还要求两个团队在下一次制定方案时，考虑避免广告触达老用户。

唐僧没有想到自己烦恼的问题被悟空迅速解决，而且还提醒他注意部分预算浪费的问题。

此后，唐僧对悟空更加器重了。

10.4　分析趋势：目前产品所处生命周期

在唐僧的领导下，"大唐社区团购"项目取得了显著的成果，活跃用户数持续增长。

然而，悟空心中却萦绕着一个疑虑：活跃用户数增长速度会持续下去吗？有一天这样的高增长率会停止吗？

在午餐时间，他找到了唐僧，表达了自己的疑虑。唐僧回答道："如果一款产品已经进入成熟期，活跃用户数增长速度减缓是非常正常的现象。当真正到了那个时候，我们只需要寻找第二增长曲线就可以了。"

悟空有些疑惑，不明白什么是成熟期，也不清楚什么是第二增长曲线。

唐僧再次向悟空做出了如下解释。

产品的生命周期是指从准备上市到被市场淘汰退出的整个过程。这个过程受多种因素影响，包括消费者需求的变化、消费者的消费方式、产品体验、市场状况等。

通常，产品的生命周期可以分为以下 4 个阶段。

1．进入期

在进入期，用户对产品的了解有限，使用产品的人数也相对较少。就像我们的 App 刚上线时，了解我们 App 的用户还不多，在 App 上消费的用户也较少。

2．成长期

经过前期的宣传后，大量新用户涌入，这意味着产品进入了成长期。如果产品具有良好的用户体验，大多数尝试了产品的用户会成为产品的忠实用户，他们在有类似需求时会打开产品，从而让产品的活跃用户数迅速增长。

目前，我们的 App 正处于这个阶段，活跃用户数在迅速增加，这也是我们将活跃用户数作为关键指标的原因。各个部门正在努力增加活跃用户数，包括之前"用户裂变"功能上线和营销部门在不同渠道投放广告。

3．平稳期

当活跃用户数增长达到一定水平后，产品就进入了平稳期，这时，竞争产品的出现及市场竞争的加剧会导致活跃用户数增长速度减缓，甚至停滞。对互联网公司而言，当产品的活跃用户数没有大幅变化时，就需要考虑如何提高产品的盈利能力。大多数公司在此时会进一步完善产品功能，采用不同的策略来提升用户体验。产品的运营策略也由粗放型转向精细化运营。

唐僧估计在半年到一年后，App 将进入这个阶段，活跃用户市场份额已经相对稳定，难以有较大幅增长。届时，公司将更关注商品销量和利润等方面的指标。他相信北极星指标也会发生变化。

4．衰退期

随着新产品的涌现或用户需求的变化，产品的用户将逐渐流失，并且这个趋势无法通过升级来逆转，即产品进入了衰退期。不可否认，随着科技的发展，每个互联网产品都将迎来衰退期，但我们可以通过努力工作，延长产品平稳期，推迟衰退期的到来。

唐僧解释完后，悟空查看了 App 活跃用户数的变化趋势，如图 10.4.1 所示，发现在最近一年内，活跃用户数的增长速度并没有减缓，仍然保持增长。

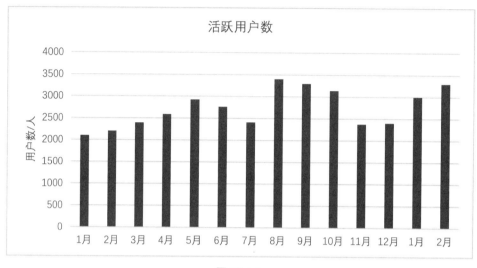

图 10.4.1

悟空思考后，问道："如果有一天，活跃用户数停止增长，产品进入了平稳期，那么我们应该怎么办呢？"

唐僧淡定地回答："当然是寻找第二增长曲线。"

第二增长曲线，简言之，指的是产品迎来第二次快速增长的机会。如果把一个产品的生命周期看成一条曲线，那么当第一条曲线进入平稳期时，我们就需要引入新功能，以打造第二增长曲线。这个新功能应该与原产品功能相互补充，从而避免整体业务下滑。

打造第二增长曲线，在 IT 领域有着众多成功的例子。

以腾讯为例，其第一代"拳头"产品是 QQ。当 QQ 进入平稳期后，微信应运而生，成为腾讯的第二代"拳头"产品。微信的出现为腾讯带来了新的增长曲线，避免了整个公司的衰退。

又如微软，其第一代产品是 DOS 操作系统，它让公司站稳了脚跟。接着，Windows95 的推出使微软成为全球最成功的 IT 企业之一。随后，微软的 Office 办公套件成为几乎每家公司必备的产品。虽然在移动互联网时代曾一度落后，但随着云计算时代的到来，微软再次站在了行业前沿。当 ChatGPT 出现时，大家忽然发现微软已经控制了这家公司 49% 的股份。

从成立以来，微软出现了 4 条第二增长曲线，包括 Windows 操作系统、Office 办公软件、云计算和 AI，巩固了其市场领先地位。

小贴士：第二增长曲线

每当我在培训中聊起第二增长曲线时，一些学员会认为打造第二增长曲线并不适用于自己，因为新产品的推出效果并不在他们的掌控之中，但实际上，不论是国家、公司、个人还是产品，都需要打造第二增长曲线。

微信就是一个典型的打造第二增长曲线的案例。

初期，微信的功能简单，只支持文字和图片的发送，并不支持发送语音。但相对短信而言，用微信发送每一条消息都是免费的，这促使了第一增长曲线的形成。

当语音功能上线后，微信才开发了导入 QQ 好友关系的功能，之后，微信推出了"摇一摇"功能，进一步扩大了用户社交半径，微信上的"陌生人社交半径"再次增加了一个量级。

然而，微信创始人张小龙并未满足于此。

很快，微信宣布支持国外手机号直接注册。这一切发生在微信第一个版本发布不到 11 个月的时候。然而，这次的迭代却藏在最不引人注意的角落。直到收到国外亲戚的微信好友申请时，我才恍然大悟，原来微信已经风靡了国外的华人社区，有华人的地方，无论在何地，都被微信所覆盖。

然而，即便是这样卓越的产品，发展到这一阶段，依然没有被视为具有深刻改变世界的潜力。因为即使没有微信，人们也可以利用短信或 QQ，实现 80% 的沟通和交流。

之后微信的快速迭代逐渐停滞，与最初每两个月甚至每个月发布新版本，引入新功能不同，微信陷入了长达 4 个月的沉寂。

直至微信推出"朋友圈"功能。其再次扩大了边界，从一款"即时通信"App 变成了支持"延迟社交"的产品。朋友圈的内容不需要用户即时浏览，也不需要用户立即回复。用户可以通过留言和点赞来维持低密度的社交互动。这一趋势甚至发展成了一种社交距离的表现——"点赞之交"。

尽管如此，但微信仍然感到不足，因为市场上已经有了微博等可以实现"延迟社交"的平台，微信缺乏一些让用户离不开的功能。

微信再次进入停滞期，虽然期间进行了一些小的迭代，但似乎已经停止了创新。

然而，一场更为激烈的风暴开始秘密酝酿。

在一个夏末秋初的日子里，微信的小游戏和移动支付功能同时上线。

需要注意的是，这两个功能并没有错开发布，这在互联网产品开发中并不常见，因为人们通常会先发布一个版本，然后开发另一个版本。

但这两个看起来关联不大的功能必须同时推出。因为用户需要一个开通移动支付的理由。当人们开始使用移动支付时，都会面临一个问题：为什么要绑定银行卡呢？而游戏就成了一个很好的理由。

微信的游戏是免费且简单的，但如果想要获取更多乐趣，那么用户可以选择充值。而为了充值便捷，绑定银行卡成了明智之举。

这就是微信提供的答案，从当时的角度来看，这似乎是最佳的解决方案。

到了这一阶段，微信的表现已经足够震撼，然而，半年后的一个春节，中国人突然发现微信新增了"抢红包"功能。这一次，即便是那些担心被盗刷而不愿绑定银行卡的人，也纷纷妥协。仅仅一个春节，无数从未尝试过移动支付的人，在年轻人的帮助下，开始绑定银行卡（那时候在外地读书和工作的年轻人恰恰在家中）。

然而，随着产品的日益成熟，伟大的表演逐渐告一段落。小程序似乎是微信最后的一次壮举，虽然微信无法在当年的激烈竞争中划出完美的弧线，但其表现已经足够震撼。

值得一提的是，我曾与一位师弟闲聊，他提及自己在三家互联网巨头公司间犹豫不决。当时，我和他提到了第二增长曲线，最终，他选择加入微信支付团队。

亲爱的读者们，请想一想以下几个问题。

你现在所在的公司也有第二增长曲线吗？

你现在负责的产品也有第二增长曲线吗？

你的职业生涯也有第二增长曲线吗？

第 **11** 章

数据分析实例：发现业务中的异常

11.1 什么是异常

最近，悟空所在的公司发生了一件大事。在一轮成功的融资后，公司决定拓展酒店预订市场。为了支持这一新业务，如来调集了大批优秀人才，其中包括唐僧和悟空。

两人在一个多月的时间里，不辞辛苦地搭建了酒店事业部的数据分析系统。当事情终于告一段落后，周末两人相约打篮球，但没打几分钟，唐僧的手机突然响了。

接完电话后，唐僧迅速返回公司。悟空也紧随其后。

唐僧告诉悟空公司的支付系统出现了故障，导致用户无法完成酒店的预订。这会导致用户体验受到影响。所有相关人员都被紧急召回公司，处理这一突发情况。

经过半个小时的努力，问题终于被解决，支付系统恢复了正常。接下来，公司的公关部门和客服部门跟进，尽力安抚用户、进行赔偿，并消除影响。

问题解决后，悟空和唐僧前往公司附近的餐厅用餐。两人坐下后，就这件事进行了交流。

悟空："您是如何得知公司支付系统出现问题的？"

唐僧："当然是通过系统的警报电话得知的。"

悟空："警报电话是什么？"

唐僧："这是公司的一个项目，当主要链路出现异常时，系统会自动拨打电话通知相关人员，发出警报。"

悟空："听起来很厉害的样子，您能详细讲解一下吗？"

应悟空的要求，唐僧开始讲述这一切的来龙去脉。"

唐僧大学毕业进入公司后，负责用户登录功能。然而，某天晚上，当地的通信服务提供商提供的服务出现故障，导致大量用户无法收到验证码，进而无法登录系统。尽管通信服务提供商很快解决了故障，但第二天一些同事察觉到用户数量有所下降，几天后，客服还接到了用户的投诉电话。虽然问题并非由唐僧直接引起，但他仍感到非常自责。他开始思考如何避免类似问题再次发生，尤其是在无法控制外部因素的情况下。

唐僧注意到，用户在点击"发送验证码"后的 5 分钟内，大多数情况下会成功登录。如果这个成功率降低到某个阈值以下，就意味着产品出现了异常情况，需要警惕。

以此为突破口，最初唐僧建立了一个监控系统，每天手动查看数据变化。后来，他创建了一个小型机器人，可以自动监测异常情况并发出警报。随着时间的推移，他扩大了监控范围，将更多的异常情况纳入其中，并为不同的异常情况设置了不同的警报接收人。不久之后，公司经理接到了一次警报，及时解决了一次重大问题，唐僧的工作表现也得到了公司的认可，成为一名主管，负责的项目也越来越重要。

在唐僧的努力下，公司的警报系统变得越来越完善。不论是某个环节的转化率异常，还是关键指标的异常，相关人员都能在合适的时间内收到警报，并及时处理。即使有人离职，系统也能自动更新相关人员。

每当重要项目上线后，设置异常警报已经成为一个不可或缺的流程。大家都会主动设置异常警报，以防在不知情的情况下出现重大问题。

小贴士："绊脚石"与"垫脚石"

面对一个生产事故，不同的人可能会以不同的心态来应对。有些人可能会后悔，却不采取任何措施以防类似的问题再次发生。

而有些人则会感到懊恼，并不断反思是否有哪些地方需要改进。更重要的是，他们愿意投入更多的时间来思考和推动流程的改善，以最大限度地避免类似的错误再次发生。

面对危机，只有那些能够从中寻找机会，并积极面对挑战的人，最终才能有意想不到的收获，将危机变成自己前进路上的"垫脚石"而非"绊脚石"。这往往源于个人的心态和态度，只有通过不懈的努力，才能将危机从阻碍变成促进自己成长的机会。

11.2　设立异常指标

悟空经过周末的"支付异常"事件后，又向唐僧请教了半天，可谓收获满满。几天以后，他在原有的基础上，增加了几项异常警报指标。

警报系统刚上线的第一个 24 点，悟空的手机突然响起，数据异常触发了警报系统！

悟空一下从床上跳了起来，接着他打开电脑，开始查数据。查完数据后，悟空松了一口气，他发现自己之所以接到了警报电话是因为设置的条件有问题。

悟空为了监控活跃用户数，将警报条件设置成了"活跃用户数不到昨天的 30%"，但由于昨天是周日，活跃用户数肯定显著高于周一。但是系统无法知道这些，当到了周一的 24 点时，系统开始自动计算当天的活跃用户数，然后与周日的结果进行对比，结果足以触发警报系统，如图 11.2.1 所示。

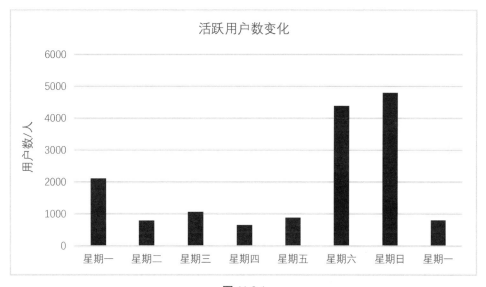

图 11.2.1

按照悟空之前的设置，不仅是悟空，好几位同事也都接到了警报电话。在同一时刻，大家都急忙对问题进行了追查，并与悟空和唐僧联系。当悟空解释后，大家才发现原来只是虚惊一场。悟空觉得很不好意思，周二一上班，他便将设置的所有警报条件找了出来，并进行了梳理，发现了以下问题。

（1）未考虑到特殊日期，活跃用户数不到昨天的 30%就触发警报系统，但在周末或节假日，出现这种情况很正常。针对周末或节假日和工作日的活跃用户数差异，应设立不同的警报阈值。

（2）非关键节点和数据也设置了警报条件，导致警报项太多。例如，查看收藏夹、上传图片的用户数太多或太少也会触发警报系统。

（3）警报接收人设置得太多，如有的异常设置了 8 个警报接收人，但实际上只要有关键的一两个人能接到警报电话就足够了。

（4）警报接收人未按公司职位设置，而是直接填入手机号。这会导致部分同事离职后依然收到警报电话。

悟空梳理完后，却总觉得自己有什么地方没考虑周全，担心引发第二次"异常警报事件"，于是他找到了唐僧，询求其建议。

唐僧说："解决这个问题，通常有两种方法。第一种方法是凭借丰富的经验逐个将场景列举出来，但这种方法的缺点是非常依赖经验，容易遗漏问题。第二种方法是流程梳理法。"

第二种方法的主要思考路径如下。

（1）列举用户使用 App 的主要流程，具体如下。

- 打开 App 进入首页。
- 点击酒店，进入商品页。
- 选择酒店详情浏览详情页。
- 选择日期。
- 选择房间（注意订满）。
- 进行用户实名。
- 进入支付页付款。
- 提示用户支付完成。
- 评价（注意是否存在差评结果）

（2）思考每个流程可能会出现的问题，具体包括以下几种异常。

- 无结果。
- 存在错误结果。
- 转化率过低。

- 被访问次数过低。

（3）设置警报条件，具体包括以下几种设置。

- 设置一个比率阈值，这种设置可以按一定周期的结果，也可以基于固定数值。
- 设置一个累计阈值，这种设置可以按一定周期的结果，也可以基于固定数值。

（4）设置警报接收人，具体包括以下几种设置。

- 按公司角色设置，如经理。当某人被任命为经理时，其会自动收到警报信息，如果他不再担任经理，就不会收到警报信息。
- 按指定人设置，如唐僧。无论他的职位如何变动，他都能收到与他重点关注指标的相关警报信息。

（5）设置警报方式，具体包括以下几种设置。

- 十万火急，需要马上处理：通过警报电话通知，同时发送短信。
- 当天内处理：通过发送短信通知。
- 知晓就好：通过发送邮件通知。

（6）设置校验时机，具体包括以下几种设置。

- 事件发生时。
- 每 1 小时。
- 当天结束时。

（7）梳理过往异常，对设置内容进行补充，具体如下。

- 梳理过往重大事故，确认目前的警报条件与警报接收人没有遗漏。

最终，唐僧和悟空梳理出了以下内容，如表 11.2.1 所示。

表 11.2.1

警报条件	校验时机	警报方式	警报接收人
活跃用户数<最近 30 天均值×50%	当天结束时	邮件	经理
活跃用户数<1000 人	当天结束时	邮件	经理
登录用户数<最近 30 天均值×50%	当天结束时	邮件	登录系统负责人
登录用户数<800 人	当天结束时	邮件	登录系统负责人
……	……	……	……
用户转化率<最近 30 天均值×20%	从 10 点开始，每小时结束时	短信	经理
用户支付率<最近 30 天均值×20%	从 10 点开始，每小时结束时	短信	支付系统负责人
……	……		

续表

警报条件	校验时机	警报方式	警报接收人
支付系统报错	事件发生时	电话、短信	经理、技术主管、支付系统负责人
登录系统报错	事件发生时	电话、短信	经理、技术主管、登录系统负责人

思考：为什么用户支付率的校验时机要从 10 点开始，难道 10 点之前用户支付率出现问题就不管了吗？

回答：因为如果从每天的 24 点开始统计，有可能第一单用户没有支付，就会造成用户支付率为 0，从而立刻触发警报系统。

然而，第一单用户没有支付是一个非常正常的现象，不应过早触发警报系统。因此，当将用户支付率的校验时机设置为从 10 点开始时，系统可以先等待一段时间，确保有足够的订单数据用于准确计算用户支付率，而不会因初始数据不足而出现误报问题。从上文的例子中我们可以了解到，如果警报系统是以某种比率触发的，那么需要设置一定的数量或时间条件。否则一旦第一单出现不良结果，支付率就会直接变为 0，进而触发警报系统。

11.3 定位异常原因

在悟空对警报条件进行调整后的第二天，他还是接到了警报电话：用户转化率出现了问题。

悟空一开始以为自己设置的警报条件又出现了问题，赶忙检查，却发现警报条件设置并没有问题。的确是转化率出现了异常：在活跃用户数没有明显变化的情况下，最终成交的用户数量出现了非常明显的下降。

悟空猜想：可能酒店的详情页出现了问题，例如页面加载特别慢或无法加载。为了验证这一想法，悟空赶忙打开 App 查看，却未发现异常，页面的打开非常顺畅，下单预订也很顺利。

既然产品能正常使用，那么应该是用户使用产品的某个环节出现了问题，影响了转化率。为了找到原因，悟空分别针对日常数据和异常数据绘制了两个用户转化漏斗图。

经过对比，悟空很快发现问题出在"商品页到详情页"的环节。随后，悟空根据漏斗图计算了页面转化率，并制成了图表，如图 11.3.1 所示。

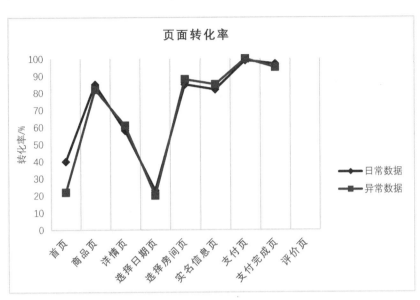

图 11.3.1

但分析到了这一步后，线索就断了。尽管用户正常打开了 App，但他们似乎并不愿意进行酒店的选择。

接下来，悟空只能凭借经验猜想，然后逐一验证。他拨通了公司的几位资深运营的电话，对可能的原因进行一一排查。

- 可能是酒店价格问题，但酒店的平均价格并没有明显变化。
- 可能是酒店质量问题，但酒店的平均评分并没有变化。

分析再次陷入僵局。

悟空决定改变策略，对用户进行一对一的询问，他通过客服渠道联系了几个用户。一番周折后，悟空终于问到了一条很有价值的线索：一个用户表示，他之前习惯预订的酒店在 App 中找不到了，因此转而通过其他平台预订酒店。

这条线索为悟空提供了新的方向。他随即查询了当天在"首页到商品页"环节流失的所有用户最近一次预订的酒店。悟空惊讶地发现，大量用户之前预订的酒店已经从公司的数据库中消失了。

这是怎么回事？这么多酒店都不见了？为了查出原因，悟空又找到负责酒店数据库的同事。

从同事那得知，一个重要的酒店合作伙伴合同到期后，未与公司续约，导致 App 上可预订的酒店数量显著减少。更为不幸的是，之前负责与这个酒店合作伙伴沟通的同事也正好离职了，且公司未及时安排人员与这个重要的酒店合作伙伴续约。于是，在停止合作的第二天，酒店从公司的 App 上消失了。

悟空将这个发现告诉了唐僧，然而唐僧只是简单地说了句"辛苦了"，便匆匆地离开了。这让悟空感到十分困惑：公司出现了如此严重的问题，唐僧为何显得无动于衷呢？

直到第二天上午的晨会，悟空才明白自己误解了唐僧。在会议上，如来问及为什么昨天的用户转化率降低时，会议室一片沉默，只有唐僧给出了答案。唐僧解释说："因为一个重要的酒店合作伙伴的合同到期后，公司未及时与其续约，导致公司 App 上可预订酒店的数量减少，进而造成用户转化率降低。"

然而，唐僧发言后，负责与酒店谈合作事宜的牛魔王坐不住了，他立刻反驳道："当一家酒店从 App 上下线后，正常情况下用户会选择另一家酒店，你怎么能把用户转化率降低的原因归咎于我们呢？对于这件事情我也咨询了客服组的同事，听说只是一个用户找不到自己习惯预订的酒店了，你们就下这样的结论，看来你们的分析水平也不怎么样。"

这番话让参加会议的人员将目光都集中在唐僧和悟空身上。悟空感到自己的脸涨得通红。

然而，唐僧并没有慌乱。他在群里分享了一张图表，并解释道："这张图表显示了 App 的可预订酒店数量和用户转化率之间的关系（见图 11.3.2），我们可以明显看到它们呈现出正相关关系。而且，用户转化率的突然下降与酒店数量的突然减少时间完全吻合，这是我提出酒店数量减少导致用户转化率降低的原因。"

唐僧还补充道："停止合作的这个合作伙伴非常重要，他负责的酒店数量占了我们 App 可预订酒店数量的 10%。抛开用户转化率的问题不说，对一家酒店预订平台来说，可预订酒店数量是至关重要的。"

大多数人在查看这张图表后都很快地同意了唐僧的说法。他们认为如果只有一个案例，显然无法说明用户转化率降低是由可预订酒店数量减少所致，然而，长期以来用户转化率和可预订酒店数量都呈现出正相关关系，因此两者之间存在很强的关联。

这时，负责算法的白龙突然发言："我们的算法经过多次迭代，已经基本能够将适合用户的酒店推荐给他们，每次迭代都显著提高了用户转化率。但是如果可预订酒店数量有限，那么即使我们的算法再出色，也无法充分发挥作用。"

图 11.3.2

会议室再次陷入了沉寂。最终，如来说："既然如此，那么我们就尽快把断掉的合作续上吧，看看用户转化率是否能回升。当然，牛魔王在这件事情上是第一责任人，但这不仅是他的事情，还需要大家通力合作。对了，悟空的异常警报系统似乎很有发展潜力，可以考虑扩展到更多的部门。如果牛魔王在这次合作到期前能收到警报信息，那么有可能避免这个问题。"

会后，牛魔王的团队紧急与那个合作伙伴进行沟通，尽快恢复了酒店数据。同时，悟空也收到了新的任务，他需要帮助牛魔王的团队建立异常警报系统，以确保类似情况不再发生。

11.4 学会质疑

当悟空在尝试追查异常的时候，经常遇到一些可能存在问题的环节。在询问与该环节相关的人员后，他却被告知这是正常现象，不必担心。

如果悟空就此停止追查，就可能错过一个发现异常的机会。所以，当遇到一个问题，经调查却得到一个没有任何依据的结论时，我们最好秉着刨根问底的精神，多问几句为什么。这不仅仅是为了确保结论的准确性，还是为了了解更多的信息。

特别是当这个问题的答案非常关键的时候，请务必记住：对方是有可能给出错误结论的！有可能是环境发生了变化，也有可能发生的变化只是巧合，还有可能只是对方记错了。

例如，针对结论"通过公司 App 购票观看脱口秀演出的活跃用户数减少"的询问过程如下。

问："为什么在这段时间内活跃用户数减少？"

答："别担心，只是暂时的，下个月就会增长。"

问："为什么下个月就会增长？"

答："因为下个月是旺季，看脱口秀的人会增多。"

问："为什么下个月是旺季？"

答："依据之前的经验，下个月就是旺季。"

问："为什么之前的经验是对的？"

答："因为去年就是这样的。"

问："为什么去年是这样的，今年就会持续这样？"

答："我认为是这样的。"

问："好的，了解了，抱歉问题多了些，非常感谢。"

通过以上对话，我们能够判断这个结论是否可信，同时也获取到了"去年这个数据增长"的信息。

需要注意的是，多次询问"为什么"并不是要挑战对方或与之辩论，而是为了更全面地理解问题。每当得到一个回答时，我们应该冷静而客观地思考对方的观点是否合理。如果对方的论据和推断过程都是合理的，那么我们可以结束询问。当然，如果对方的论据明显站不住脚，那么我们也可以结束询问。

此外，进行询问还要注意场合和气氛。例如，在有管理层参加的大会上，当领导明确表达一个观点时，即使我们不认同这个观点，也不应在众人面前与领导争论。同样，在对方忙碌或显得不耐烦的情况下，我们也不应开始这样的问答。始终保持请教者而非挑战者的态度非常重要，要表现出对对方的尊重和诚恳寻求帮助的意愿。

即使我们通过询问得到了一个自己不认可的答案，也不应该就此接受结论。停止当前的问答并不代表我们停止了对真相的探求。我们可以通过查找相关资料、咨询他人、在不同时间和场合重新提问等方式，继续研究问题。追询真相是一个持久的过程。

第 **12** 章

数据分析实例：
为用户提供个性化推荐

12.1　个性化推荐的方法

晨会结束后，负责算法的白龙主动找到如来，表达了想通过算法提升用户转化率的想法。

白龙认为，提升用户转化率，可预订酒店数量固然是一个关键因素，但更重要的是如何将用户偏好的酒店推荐给他们。因为用户会浏览的酒店数量是有限的，如果连续浏览几个酒店都不满意，用户就很可能退出 App。

为了提升用户转化率，白龙的团队最近尝试了以下几种办法。

（1）内容协同过滤。

（2）用户偏好推荐。

（3）商品关联推荐。

12.2　内容协同过滤

内容协同过滤的原理是"偏好类似的用户，喜欢的商品也应该是一致的"。

例如，用户 A 收藏了《晴天》《以父之名》《半兽人》3 首歌，用户 B 收藏了《晴天》《半兽人》2 首歌。从用户 A 和用户 B 的收藏记录可以看出，两个用户的偏好一致，所以既然用户 A 喜欢《以父之名》，那么用户 B 大概率也应该喜欢《以父之名》，如图 12.2.1 所示。

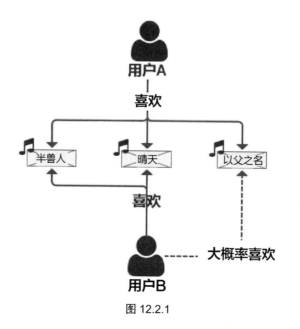

图 12.2.1

白龙之所以被如来招进团队，是因为如来希望他能为公司建设一个"内容协同过滤"系统，白龙的分析和设计如下。

（1）依据用户好评记录，计算出多个"推荐组"。

- 收集每个用户好评过的所有酒店，记录为"偏好组"。每个用户都有自己的"偏好组"。

- 若两个用户的"偏好组"的酒店重合率大于 60%，则将两个用户好评过的所有酒店组成一个"推荐组"，如图 12.2.2 所示。

（2）依据用户偏好，计算出用户属于的"推荐组"。

- 计算用户"偏好组"与所有"推荐组"中重合的酒店数量。

- 用重合的酒店数量除以"推荐组"所有酒店数量。该数值越大，说明用户喜欢的酒店与该"推荐组"的重合度越高。

- 找出重合度最高的"推荐组"。组合中所有酒店都可以推荐给该用户。

（3）将"推荐组"中的酒店进行排序。

- 将"推荐组"中的所有酒店依据好评率从高到低排序。

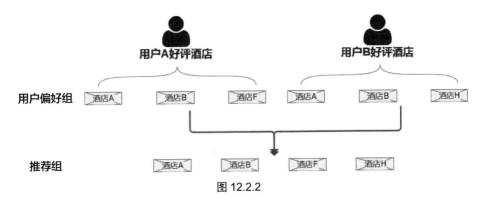

图 12.2.2

（4）对结果进行过滤。

- 过滤已经订满的酒店。
- 过滤用户曾给出差评的酒店。
- 获取最终推荐结果。

小贴士：当数据不足时，需及时找出替代方法

　　在前文的例子中，白龙非常幸运地掌握了大量用户的好评数据。然而，在使用某些产品后，用户可能不太倾向于进行评价，因此可能没有足够的评价数据供我们分析。例如，虽然很多用户可能喜欢某家酒店，但不愿意花时间去写评价。

　　在数据不足的情况下，我们该如何计算出用户的"偏好组"呢？

　　这就需要我们深入思考数据的本质。算法需要用户的评价数据，是为了挖掘用户对酒店的偏好。然而，用户对酒店的偏好并不仅仅通过评价来体现。例如，多次预订和入住同一家酒店也可以反映用户对该酒店的喜好。即使用户从未给某家酒店写过好评，但如果他多次预订并入住，也表明他喜欢这家酒店。

　　在数据分析和应用中，数据不足是一个常见的挑战。我们要能够寻找替代方法来实现目标，这种创造性思维和灵活性在解决数据不足问题时非常有价值。

12.3　用户偏好推荐

　　"内容协同过滤"上线后，每个用户看到的酒店都是算法推荐的，这使得用户看到的大概率是自己喜欢的酒店，用户转化率也得到了明显提升。

然而，白龙心里清楚，之所以这个项目能够获得成功，是因为还没有太多人涉足个性化推荐这个领域，这是一个从零到一的项目。

如果想要进一步提升用户转化率，白龙就需要找到新的突破口。白龙通过查看相关数据发现对部分用户而言，推荐的效果并不好，最终的用户转化率非常低。这让他感到困惑：明明按照用户的偏好进行了推荐，用户却对结果不满意。白龙想了好几天都没有找到答案，直至他找到了公司里擅长数据分析的唐僧。

唐僧首先将所有在 App 上浏览推荐酒店的用户分成两组，一组是转化率较高的用户，而另一组是转化率较低的用户，然后分别统计这两组用户各个维度的数据并进行对比。很快，他发现了两组用户之间存在一个明显的区别：新用户的占比不同。

图 12.3.1

凭借丰富的经验，唐僧很快想到了一个可能的解释：收藏和多次预订酒店的新用户数太少了，有的甚至从未收藏和预订过酒店。这种情况可能导致白龙在计算用户偏好时很难得出准确的结果。

他将这个发现告诉了白龙，白龙恍然大悟。要想解决这个问题，白龙认为应该上线"用户偏好推荐"功能，即在新用户首次打开 App 时增加一个环节，让用户选择自己的偏好，如图 12.3.1 所示。

然而，负责设计 App 的铁扇公主却持不同的意见，她认为让用户首次打开 App 就面对一堆选择题会极大地影响用户体验。尽管白龙不断强调上线这个功能的好处，但铁扇公主并不为所动。知晓情况后，唐僧建议白龙向铁扇公主介绍一下，如果这个功能真的上线了，自己会如何利用这些数据。

说到这个，白龙就打起了精神，他向铁扇公主介绍了业界成熟的向量计算法。

（1）找出酒店的特征，每个特征都是一个向量，如价格、星级、是否含早餐、评分情况等。

（2）依据每个酒店的结果，对向量进行打分，例如，如果价格是一个向右的向量，那么价格越高，指向右侧的向量长度就越长。

（3）将所有向量结果相加，得到一个唯一的向量，其代表了酒店的特征。

（4）将用户的偏好视为一个向量。

（5）将用户的向量和酒店的向量进行对比，选择用户最可能喜欢的酒店，最终推荐给用户。

图 12.3.2 所示，用户 A 的向量与酒店 1 的向量更为接近，所以相对酒店 2，用户会更喜欢酒店 1。

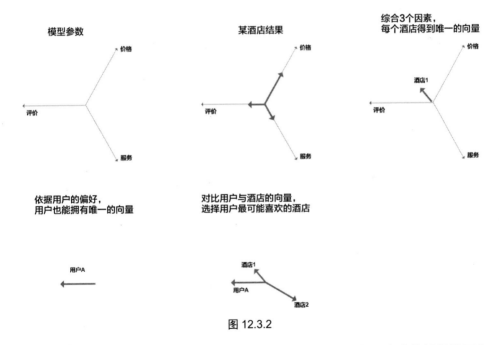

图 12.3.2

听完白龙的解释后，铁扇公主开始认可这种方法，她觉得如果白龙能够凭借用户的回答来精确地推荐适合的酒店，那也不是什么坏事。于是，铁扇公主同意设计新用户在首次打开 App 时选择自己的偏好这个环节，同时也决定在显眼的位置设计一个"跳过设置"的按钮。

过了一周后，两人通过观察统计数据发现，虽然有一部分新用户耐心地选择了偏好，但更多的新用户选择了跳过设置，还有一小部分新用户在看到这个页面后直接关闭了 App，如表 12.3.1 所示。

表 12.3.1

用户分类	数量（人）
功能上线后一周的新用户	2525
跳过设置的新用户	1243
进行偏好选择的新用户	1197
关闭 App 的新用户	85

为此，铁扇公主感到犹豫了，她觉得这个功能对用户体验产生了很大的影响。虽然对一些有耐心的用户来说，酒店推荐结果更为精准，但显然大多数用户并不喜欢这个功能。于是，她决定明天就将这个功能下线。

这让白龙陷入了困境。他费了很大的功夫才说服铁扇公主支持上线这个功能，没想到最终会被否定。然而，数据摆在那里，大部分用户确实对这个功能不满意。

就在项目即将宣告失败的时候，唐僧悄悄地将一份数据递给了白龙，如表 12.3.2 所示。

表 12.3.2

用户分类	数量（人）	转化率（%）	所有新用户转化率（%）
功能上线后一周的新用户	2525	2.54	2.54
跳过设置的新用户	1243	2.06	
进行偏好选择的新用户	1197	4.76	3.27
关闭 App 的新用户	85	0	

白龙看到这份数据后，一开始感到困惑，然而，当看到最后一列的内容时，他激动地从座位上跳了起来。

"用户偏好推荐"功能上线后，与功能上线之前相比，转化率从 2.54%提升到 3.27%。

也就是说，尽管这个功能可能让一部分用户感到困扰，但它极大地提升了另一部分用户的转化率，使他们在首次使用 App 时能够迅速找到符合自己偏好的酒店。总体而言，这个功能让更多的新用户最终完成了预订。

这次，铁扇公主不再持反对意见了。

数据分析再一次挽救了一个濒临失败的项目，唐僧微微一笑，深藏功与名。

12.4　商品关联推荐

在完成了"用户偏好推荐"项目后，白龙和铁扇公主之间建立起了初步的信任关系。

一个多月后，铁扇公主在设计 App 时，注意到很多用户在预订完酒店后，会进入机票或网约车的预订模块。由此，她认为既然用户存在预订更多关联商品的需求，那么主动提供这些与酒店相关的商品就会进一步提升用户体验。而且由于 App 已经记录了酒店的预订信息，因此在用户预订机票或网约车时，系统可以自动填写目标地，减少用户的操作步骤，如图 12.4.1 所示。

图 12.4.1

随着设计的深入，铁扇公主发现在这个场景中，推荐的内容至关重要，App 必须精准地推荐用户喜欢和需要的服务，否则对用户来说就成了骚扰信息。

铁扇公主将白龙拉进了项目组，白龙在了解背景后，决定使用算法来实现商品关联推荐的功能。

商品关联推荐是指通过分析商品之间的关联性，向用户推荐其他相关商品，例如，用户购买了碗，App 就向其推荐筷子，用户购买了啤酒，App 就向其推荐开瓶器，以便帮助用户快速找到并购买所需的商品。

针对预订酒店，可以从以下 3 个方面找到关联商品。

（1）功能互补。

- 白龙通过收集"用户在一个城市内预订的所有商品"信息，确定了用户在前往新城市时可能需要的商品，从而获得了一组"商品关联组"。需要注意的是，这里的商品不仅限于实物商品，还包括预订的酒店和机票等可供用户购买的服务。
- 白龙整合了所有的"商品关联组"，当两个组的商品重合率大于 75%时，他就将这两个组合并。
- 运营同事对合并后的"商品关联组"进行了调整。

（2）价格互补。

系统实时计算用户在预订酒店后，还需要多少金额才能使用优惠券，并推荐与酒店在同一个"商品关联组"内且与酒店价格之和达到优惠券使用门槛的商品。

（3）兜底结果。

- 当用户预订的酒店没有适合的功能互补或价格互补的商品时，白龙选择推荐在该城市最畅销的商品。尽管这种方式可能不够精确，但总比没有推荐好。

第 **13** 章

数据分析实例： 项目汇报展示成果

13.1　项目汇报技巧

几个月前，白龙在铁扇公主的建议下，着手开发了"商品关联推荐"项目。经过多个版本的迭代，这个项目产生了令人满意的效果。整体来看，这个项目使公司的GMV 提升了 5%，同时用户的整体操作步长也得到了相应的缩短。

白龙觉得这个项目很成功，于是他撰写了一份简短的项目介绍，并以邮件的形式发送给相关人员，包括如来。

如来看到邮件后，被项目成果所吸引。从报告上来看，这确实是一个兼顾公司收益和用户体验的出色项目，但如来对项目的一些细节还有疑问，于是他回复邮件，要求白龙在下周会议上对项目进行详细介绍。

白龙在得知要对项目进行详细介绍后如临大敌，他开始每天花费大量的时间思考如何进行这次汇报，并准备各种材料。

悟空对于白龙的一番操作有些不理解，他觉得这只是一次汇报而已，而且白龙的项目取得了如此成功，便告诉白龙完全没有必要这样做。

白龙惊讶地看着悟空，然后拉着悟空坐下，开始向他传授职场经验。

白龙说："如来现在管理着上百名员工，而我并不是部门的主管，也没有负责核心项目，因此和如来的接触并不频繁，只是偶尔在会议上进行过沟通。由于缺乏深入交流，如来对我的印象一直处于一个模糊的状态中。而这次面对面的汇报将使我在半小时内能够与如来进行深入的交流，这将是一个难得的机会，我可以在这个过程中展现自己对项目的深入了解，以及清晰的逻辑思维等。如果我表现出色，那么会给如来留下良好的印象。但如果我表现得很糟糕，那么会给如来留下不好的印象。因此，每一次汇报都是危机和机遇并存的。汇报的结果很大限度上取决于汇报者在关键时刻的表现。"

悟空听完，抓了抓脑袋，说道："这次汇报对你来说是机遇还是挑战？"

白龙说："当然是机遇。一方面，这个项目是由我负责的，我比如来更熟悉这个项目的方方面面，因此我可以在自己熟悉的领域与如来展开对话，只要我按照'项目汇报要点'排查一遍汇报的内容，就能得到如来的认可（项目汇报要点内容见后文）。另一方面，我可以借助这次汇报，为项目争取到更多的资源。"

悟空好奇地问道："汇报还能为项目争取资源？"

白龙接着说："当然，这个项目需要多个团队的协作，包括铁扇公主升级 App 页面，牛魔王团队提供更多可选的酒店等。我甚至计划联系促销团队，争取额外的预算支持。这些都需要大家的合作和资源的投入。通过这次汇报，我可以将项目目前的成就和未来的规划清晰地传达给相关团队，进而邀请大家一起参与，使合作变得更加顺畅。即使在过程中出现分歧，如来也可以做出决策。这将有助于为项目争取到更多的资源和支持。"

悟空听后觉得很有道理，他认识到项目汇报不仅有助于个人在同事心中留下良好的印象，还可以为项目争取到更多的资源，这一点非常重要，值得认真对待。

13.2　项目汇报要点

又过了几日，终于到了白龙正式汇报的时间，白龙带着精心准备的 PPT 准时到场，开始向大家介绍"商品关联推荐"这个项目。

白龙先进行了简短的自我介绍，然后开始了项目汇报。他展示的第一页 PPT 呈现了一张图片和两个数字，如图 13.2.1 所示。

图 13.2.1

这张图片清晰简明地展示了"商品关联推荐"的解决方案，而两个数字则明确说明了项目所取得的成果。

没有大篇幅的文字说明，没有复杂的陈述，白龙的开场简洁明了，着重突出了关键信息，引起了在座众人的兴趣。

白龙在介绍完这一页的内容后，提出了一个关键问题："用户转化率提升 8%和公司客单价提升 2%，对公司来说意味着什么呢？"

这一问题引发了在座众人的思考。

白龙通过第一页 PPT 完成了他的 3 个关键任务。

- 介绍产品方案。他用一张图片清晰地将"商品关联推荐"的解决方案展现了出来。
- 展现项目结果。他没有对 PPT 进行花里胡哨的包装，只展示了两个关键数字。
- 成功吸引大家的注意力。他独特的开场方式引发了在座众人对更多内容的兴趣。

到了第 2 页 PPT，白龙详细讲述了项目价值。

在第 2 页 PPT 的开头，白龙首先展示了最重要的数字：该项目使公司的客单价提升了 2%。这个数据自然引发了一个关键问题：公司客单价提升 2% 是如何计算出来的呢？

关键指标的计算口径是什么？这是一个非常常见的问题。如果汇报者声称项目取得了良好的结果，就必须明确展示计算过程，以证明其可信性。在公司中，人们往往倾向于向上级展示积极的结果，因此，通常汇报者会对项目结果进行过度包装，将成功夸大，而将失败部分掩盖。

然而，对白龙来说，他并不需要这样做。项目结果本身已经足够引人瞩目，夸大成功只会引发不必要的问题，因此，白龙选择了最直接的方式——通过"做比较"来展示结果（具体方式见 5.2 节）。

白龙将用户分成两组进行对比，即随机用户 A 组和 B 组，其中，A 组可以看到"商品关联推荐"的页面，而 B 组则看不到。

通过比较这两组用户的数据，白龙得出结论：看到"商品关联推荐"页面的用户，与另一组用户相比，平均交易量提升了 8%，客单价提升了 2%，用户的步长缩短了 1%。具体数据如表 13.2.1 所示。

表 13.2.1

	用户数（人）	商品关联推荐转化率	成交商品（件）	客单价（元）	步　长
A组	2434	8%	2.52	765	73
B组	2213	未展现	2.34	750	72

小贴士：步长的含义

步长指的是用户在互联网产品中完成某项任务所需的所有操作步骤的总数。例如，用户打开微信并发送一条消息，需要完成以下几个步骤。

步骤 1，打开微信。

此步骤通常不计入步长，因为步长统计的是用户在打开 App 后的具体操作步骤，不包括 App 的启动操作。

步骤 2，查找并点击通信对象的头像。这个步骤有以下几种可能。

（1）如果能在首页直接找到并点击，步长就 +1。

（2）如果需要滑动页面后才能找到，步长就 +2（滑动 +1、点击 +1）。

（3）如果需要搜索后才能找到，步长就 +3（点击搜索框 +1，输入用户名称 +1，点击搜索结果中用户头像+1）。

为了缩短步长，微信在最初设计时允许用户将特定联系人置顶，并确保最近联系的联系人显示在列表的前面，旨在使用户更轻松地找到并与他们通信，减少滑动和搜索等步骤，从而缩短步长。

起初在编写这一页内容时，白龙的另一种思路是通过计算"商品关联推荐"页面下单的总 GMV，以评估项目对公司 GMV 的贡献。

然而，当他将初稿发送给唐僧后，唐僧提出了一个问题："如果没有这个页面，用户是否还会通过其他方式在 App 上预订机票或网约车呢？"

白龙回答说："那将更加烦琐，这个页面明显能够帮助更多用户成功预订。"

唐僧说："如果你只是想表达这个页面可以帮助更多用户成功预订，那么我认为没有人会对此提出质疑。但这并不意味着如果没有这个页面，用户就不会在 App 上预订机票或网约车。对一些用户来说，有了这个页面预订更加便捷了，而对公司来说，GMV 实际上并没有提高。"

白龙思索片刻后，发现难以评估"商品关联推荐"项目对公司 GMV 的贡献。

因此，他决定换一种思路，即采用"做比较"来展示项目结果。他将可以看到"商品关联推荐"页面和无法看到页面的两组用户进行直接对比，结果清晰明了，如图 13.2.2 所示。

果然，在会议上，没有人对项目价值提出质疑。

介绍完项目价值后，白龙以另一个问题作为结尾："'商品关联推荐'具体是如何实现的呢？"

在第 3 页 PPT 中，白龙首先介绍了由铁扇公主负责设计的页面，强调这是他与铁扇公主合作的项目。在座众人纷纷将目光投向铁扇公主。

接着，白龙简要介绍了自己的"向量计算法"（在这种场合，白龙无须深入解释向量计算法的细节，只需让大家对他的方法有大致了解即可）。

在报告的最后，白龙提到了项目的未来计划。他计划在接下来的半个月内扩大试点范围，并积极监控数据。一旦项目在试点阶段没有出现其他问题，白龙就打算将这个项目推广给所有用户。此外，他还试探性地提出希望营销部门能够分配一部分预算来推广项目，以吸引更多用户点击该模块，从而进一步提升项目效果。白龙还进行了预测：如果全面推广这个项目，基于现有的客单价计算，公司的 GMV 将提高 2%，如果营销部门能提供折扣，那么效果估计会更好。

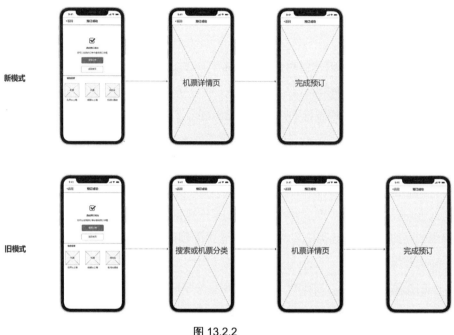

图 13.2.2

最终，白龙的汇报取得了巨大成功，没有人提出质疑。如来鼓励营销部门的同事积极研究分配预算的可行性，并尽早提出方案，以提高项目的效果和影响力。

项目介绍与结果，重点是简短，突出主题。而白龙汇报中的一图两数字，就将简短做到了极致。如果读者们也需要撰写项目介绍，可以按照以下大纲进行撰写，也可以在报告的开始向大家介绍报告的结构。这样不仅会显得自己的思路清晰，也能让大家快速理解几个模块之间的关系，从而更好地理解要表达的内容。

（1）项目背景和项目价值。

（2）项目具体内容，解决了公司的什么问题。

（3）项目前景与未来计划。在讲到未来计划的时候，可以提出推广项目所需要的帮助。

第 **14** 章

数据分析实例：推动合作

14.1 制订项目计划

上个月，白龙成功推进了"商品关联推荐"项目，使用户在成功预订酒店后能立即获得机票、网约车等服务的推荐，从而促使更多用户进行额外的预订。随后，通过项目汇报，他向所有人展示了项目结果和项目所具有的潜力。由于他的逻辑清晰，数据翔实，许多同事都对这个项目充满了信心，更重要的是，如来也对此表示了肯定。

会后，许多部门纷纷主动与白龙联系，希望能够与他的项目合作。然而，白龙认为与营销部门合作最具前景，其他部门的项目要么存在问题，要么与"商品关联推荐"无关。因此，他决定将大部分精力投入与营销部门的合作中。

当白龙与营销部门的主管进行了初步接触后，对方表示既然如来支持这个项目，那么营销部门会全力支持，但为了确保项目顺利进行，白龙最好能有一个详细的计划书供大家参考。

白龙表示没有问题，他会尽快完成计划书。

然而，白龙并没有写过计划书，也不知道应该如何撰写。因此，他向唐僧请求帮助，希望唐僧能与他共同完成这份计划书。

唐僧听到白龙的请求后说："其实写计划书并不难。我们可以按照 4W1H 的结构来完成它。"

> **小贴士：4W1H 结构**
>
> 所谓 4W1H 指的是 What、Why、Who、When 及 How。中文意思分别为做什么、为什么做、谁来做、什么时候做、怎么做。
>
> 这个结构非常经典，对绝大多数项目而言，弄清楚这 5 个问题后，也就获得了一份靠谱的项目计划。

一般而言，针对互联网项目，建议最好按做什么（What）、为什么做（Why）、怎么做（How）、谁来做（Who）、什么时候做（When）的顺序梳理，这样可以更好地将项目计划介绍明白。

1. 做什么（What）

两人需要回答的第一个问题是做什么。

白龙心想这有何难，便很快打出了好几百个字，将项目内容事无巨细地描述了一遍。

唐僧看到后，对白龙说："没必要写这么多，还是简洁一些吧。"

白龙说："我担心没有参与过这个项目的同事不明白。"

唐僧说："文字量减少并不意味着清晰度下降，相反，太多文字可能会令人困惑。"

最终，两人决定采用简洁的描述、例子、图片 3 个部分来回答"做什么"这个问题，具体如下。

描述：在酒店预订成功页面，向用户推荐与酒店预订相关的打折商品，以刺激用户预订更多商品。

例子：当用户成功预订酒店后，预订成功页面除了展示预订成功的信息，还会展示机票、网约车等服务的预订入口。

图片：增加一张示意图，展示预订成功页面的布局和打折商品的展示方式。

2. 为什么做（Why）

做什么部分撰写完后，接着就需要回答第二个问题：为什么做。

这个问题实际上是要描述项目价值，换句话说，为什么要为这个项目投入资源和精力。

这个项目到底有什么价值呢？白龙认为项目的主要价值在于提高公司的客单价，

从而提升公司的 GMV。

　　然而，唐僧认为这个回答还不够具体，需要量化。最终他们采用了之前的计算结果：如果全面推广这个页面，公司的 GMV 将提高 2%。如果营销部门能提供折扣，那么效果估计会更好。

　　于是两人找来了营销部门的同事，询问当商品加上折扣后的效果。最终，他们得出了如下答案："商品关联推荐功能上线后，客单价提升 2%，预计加入折扣商品后，客单价可提升 3%。"他们还在结论下方附上了客单价的计算方式。

　　客单价来自"关联结果"展现与否的两个用户的客单价对比。

　　考虑折扣后的客单价提升=关联结果原来转化率×（1+折扣后转化提升）×关联商品客单价

　　思考：进行到这里，唐僧总觉得哪里有问题。读者朋友们，你们能帮助唐僧找到问题吗？

　　答案：由于关联商品打了折扣，所以关联商品的售价也会随之降低。

　　所以，公式应该加上折扣比例：

　　考虑折扣后的客单价提升=关联结果原来转化率×（1+折扣后转化提升）×关联商品客单价×折扣比例

3. 怎么做（How）

　　处理完为什么做的问题，下一步他们就要回答怎么做的问题。

　　白龙说："这还不简单，'商品关联推荐'页面的商品打折就好啦！"

　　刚说完，他就迎来了唐僧异样的目光。

　　唐僧问道："当'商品关联推荐'页面的商品打折后，如何让用户知道？是否需要铁扇公主在页面上进行设计，以告知用户这些商品有折扣？"

　　白龙说："是的。"

　　唐僧又问道："商品打折后，是否需要对用户支付金额进行修改，以便在用户支付时扣除折扣部分？"

　　白龙再次回应："是的。"

　　唐僧又问道："当需要向机票或网约车供应商结算款项时，是否需要营销部门重新计算？如果用户支付的金额不足以覆盖供应商费用，那么公司是否需要支付额外的费用来补足差额？或者在计算折扣时，是否需要确保折扣后用户支付的金额大于公司需要支付给供应商的费用？"

白龙想了想说："是的，而且我认为还需要对算法进行相应的升级，因为折扣后，用户倾向的商品也会发生变化。"

两人一起梳理了所需的步骤，确定了"怎么做"的内容。为了让各合作方能够快速了解他们需要完成的任务，白龙和唐僧特意列出了每个合作方的责任。

（1）营销部门（商品折扣）：计算商品折扣，并确保折扣后用户支付的金额大于公司向供应商结算的费用。

（2）用户支付部门（折扣配置）：确保用户从"关联商品推荐"渠道订购的商品在支付前扣除折扣部分。

（3）铁扇公主（样式展现）：设计折扣样式，使用户能够清楚地了解"关联商品"的折扣金额。

（4）白龙（算法）：进行算法升级。

（5）唐僧（数据分析）：进行数据统计和结果分析。

这些步骤的明确化有助于各个部门理解自己的任务，以便顺利推进项目。

4. 谁来做（Who）

唐僧和白龙按照刚才讨论的怎么做的问题顺藤摸瓜，明确了需要参与项目的合作方，包括营销部门、用户支付部门、铁扇公主、白龙和唐僧。

5. 什么时候做（When）

唐僧和白龙需要回答的最后一个问题是什么时候做。

白龙认为这个问题似乎有些多余，他迅速回答："当然是越快越好。"

然而，唐僧却持不同意见，根据以往的经验，各个部门都有各自的事务和计划，不太可能搁置手头的工作，而全力投入这个项目中。

为了解决这个问题，唐僧和白龙决定与合作方逐个进行沟通。有了刚刚列出的"谁来做"的名单，完成这项任务变得顺利许多。

然而，当与用户支付部门沟通时，他们被告知该项目的工作已经被安排在 3 个月后，此前没有足够的人力资源来支持项目。

白龙感到非常着急，他希望项目能尽快上线，因为延误一天都可能给公司 GMV

造成损失。

最终，唐僧和白龙拿着之前梳理的计划书找到了如来并告知了情况，如来决定取消用户支付部门原计划下周进行的项目，以支持"商品关联推荐"项目。

唐僧和白龙再次进行了沟通，最终确定了项目计划的时间表，如图 14.1.1 所示。

（1）营销部门（商品折扣）：7 月 2 日至 7 月 8 日。

（2）用户支付部门（折扣配置）：6 月 29 日至 7 月 5 日。

（3）铁扇公主（样式展现）：7 月 2 日至 7 月 3 日。

（4）白龙（算法）：6 月 29 日至 6 月 30 日。

（5）唐僧（数据分析）：7 月 9 日至 7 月 16 日。

（6）项目上线时间定为 7 月 8 日，唐僧计划在项目上线一周后进行数据分析。

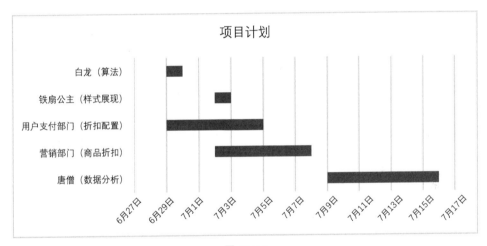

图 14.1.1

至此，项目计划书完成。

白龙还找来一个对项目完全不了解的同事，确保该同事阅读项目计划书后也能够理解项目计划。然后，他将计划书交给了各部门的负责人和如来。

小贴士：项目计划书不是一份任务，而是项目负责人与自己的对话

尽管项目计划书的撰写表面上是为了向团队成员展示项目概况，但实际上，它不是一个简单的项目介绍，而是一个全面的规划和思考过程的体现。通过撰写项目计划书，项目负责人能够深入地理解项目本身，包括挖掘潜在的问题和风险，从而为项目成功铺平道路。

首先，项目计划书会迫使项目负责人对项目进行深入的研究和分析。在准备这份文件的过程中，项目负责人需要深入分析项目目标、范围、时间表、资源分配、成本预算和潜在风险。这有助于揭示项目中可能未被注意到的细节和问题。

其次，撰写项目计划书促进了项目负责人对项目目标路径的清晰理解。这个项目能否达到最终的目标？如果项目负责人能通过书面形式清楚地表达目标，就可以使团队成员对项目成功更有信心。

最后，良好的项目计划书还包含对资源的合理分配和时间管理的规划。这对于确保项目按时完成并且不超出预算非常重要。在项目计划书中对这些内容进行详尽的描述，也助于项目负责人在项目执行期间保持对资源和时间的严格控制。

所以，请不要把撰写项目计划书看成一项为了应付流程不得已而为之的任务。它的真正价值在于帮助项目负责人深入理解项目本身，从而大大提高项目成功率，避免不必要的风险和延误。

14.2 说服合作方

白龙完成项目计划书后，将其发送给了如来和合作方。尽管这个项目备受如来关注，但当天各个合作方的回应显得不太积极。

白龙觉得有点儿奇怪：这明明是一件好事情，为什么大家都表现得不积极呢？感到困惑的白龙找到了铁扇公主，说出了心中的疑问。

铁扇公主也是一个性格直爽的人，她毫不隐瞒地解释了原因："这个项目与我的主要目标没什么关系。我的主要目标是提升用户体验，而这个项目的目标是提升 GMV。虽然 GMV 的提升在某种程度上是好事，但我不能因此偏离了我的主要目标。"

了解原因后，白龙明白如果希望得到各个合作方的积极配合，就需要找到共同利益点。尽管白龙可以寻求如来的支持，让如来要求合作方提供支持，但他认为这种方式并不会让大家全力以赴地投入项目。

白龙开始尝试寻找各个合作方的共同利益点，并邀请他们进行面对面的沟通。通过询问各个合作方的主要目标，白龙逐渐找到了共同利益点。

（1）铁扇公主。其主要目标是提升用户体验，其主要衡量指标包括操作便捷性、商品丰富度和价格实惠性。白龙向铁扇公主提出："'商品关联推荐'项目由于已经得到了营销部门的折扣支持，可以帮助用户获得更具吸引力的机票和网约车，并且提高用户的操作便捷性。"当听到有折扣后，铁扇公主眼前一亮，她仔细询问了折扣数后，决定下周就参与进来。

（2）营销部门。白龙向营销部门的主管发送了之前向如来汇报的材料，并附上了一条留言："您好，我是'商品关联推荐'项目负责人白龙。经过测算，我认为如果营销部门将相关商品打 9 折，并投入 34.7 万元的预算，就会实现 765 万元的 GMV 增长。请您支持该项目。铁扇公主也将全力参与。"

（3）用户支付部门。对于用户支付部门，白龙目前还无法找到明显的共同利益点，因为用户支付部门本身不直接承担特定数据的增长任务。然而，由于如来指示该部门将人力资源投入这个项目，其也没有异议。

最终，各个合作方都开始重视这个项目，大家积极地投入人力资源，并自发地为项目出谋划策，共同推动了项目的顺利开展。

小贴士：针对不同的同事采用不同的处理方式

当我们需要完成一项复杂的任务，尤其是需要各个部门同事的配合时，我们需要争取同事的支持和协作，注意针对不同的同事采用不同的处理方式。

有些同事喜欢通过私下建立人际关系来解决问题。他们通常性格外向，平时喜欢与各种人建立友好关系，当遇到困难时，他们能够毫不犹豫地寻求他人的帮助，即使面对拒绝也不会感到尴尬。

有些同事倾向于根据领导的意愿来获取资源支持。他们通常注重与领导建立良好的关系，能够理解并满足领导的期望，因此更容易说服领导分配资源来支持他们完成任务。

有些同事具备坚韧的品质，他们决心不达目标誓不罢休，会不断推动其他同事完成需要协作的工作。他们会克服各种困难，坚持不懈。

有些同事善于分析利弊，通过说服同事参与项目，让同事看到项目带来的巨大好处，从而激发同事的积极性。

那么，问题来了，哪种方式最好呢？实际上，最好的方式是具备以上每一种特质，并根据不同同事的特点选择不同的项目推进方式。

对于一些重情义的同事，我们可以通过平时与他们建立良好的关系，尽可能提供帮助，以建立友情和信任。

对于一些注重领导意愿的同事，我们需要了解领导的期望和看法，争取领导的支持，以顺利推动项目。

对于一些懒散的同事，我们需要有耐心，与他们保持沟通，确保他们履行责任，顺利完成任务。

对于一些关注回报的同事，我们可以通过分析项目潜在收益，让他们看到项目前景，从而激发他们的积极性。

在我们处于一个没有实质权力的位置，但需要协调各个合作方的情况下，分析各个合作方的喜好和动机，是确保项目顺利推进的必修课。

14.3　低成本验证

当白龙终于成功地说服各个合作方共同推进这个项目，以为一切都顺利时，却传来了一个不好的消息：折扣预算没有批准下来。

公司的财务部门核算后发现，本季度的营销预算几乎用完，没有足够的余额来支持这个项目。

白龙感到非常焦虑，他向财务部门的同事解释道："如果公司能够提供折扣，那么我有信心进一步提高页面的点击率，从而吸引更多用户购买页面上的商品，以薄利多销的方式收回成本。"

然而，财务部门的同事却指出，如果需要额外的营销预算，那么必须得到如来的批准。否则，即使白龙做得再好，他们也无权将营销预算拨给他。

白龙考虑向如来申请特批资金，但又觉得成功的机会渺茫，因为目前各个部门都面临巨大的压力，之前已经有不少人找过如来寻求更多的营销预算以完成本阶段的业绩，但都被拒绝了。

就在白龙不知所措时，唐僧出现了。

唐僧首先询问了财务部门剩余的营销预算，当得知只有 5000 元时，唐僧说："足够了！"

白龙疑惑地说："这哪里够啊？如果我们给机票打 9 折，按照每张机票平均 500 元计算，那么每张机票的折扣成本就是 50 元。5000 元只够给 100 个用户打折。"

唐僧却回应道："我不是说足够支持整个项目，而是说足够说服如来了。"

在接下来的几周里，项目按照原计划继续推进，并按时上线。然而，该项目上线后，5000 元的营销预算在不到一天的时间内就被花光了。

大家还发现营销预算被花光后并没有得到补充。为此，大家感到非常不满，认为唐僧欺骗了他们，便找到唐僧进行询问。唐僧镇定自若地展示了一张表（见表 14.3.1），解释说："这就是我们的预算。"

表 14.3.1

用户类别	用户数（人）	商品售价（元）	成交转化率（%）	GMV（万元）	折扣成本（元）	用户平均利润（元）
展现折扣用户	200	497	52	5.2	5740	231
未展现折扣用户	34,235	552	35	661	0	193

一张表而已，哪里来的预算呢？

正当大家疑惑的时候，白龙发现：与未展现折扣相比，展现折扣后"商品关联推荐"页面的成交转化率从 35% 增长到了 52%。按照这个计算方式，公司每投入 55 元（552-497）的营销费用，成交转化率就能提高 17%（52%-35%）。而用户平均利润并没有降低，反而上升了。

大家终于明白，最初的 5000 元只是为了获取实验结果，有了这个结果，他们就可以向如来申请更多的销售预算了。

果然，如来在看到唐僧提供的表格后，同意先追加 5 万元的预算。如果仍然能够取得这样的结果，就会再次追加。

不仅如此，在唐僧的建议下，如来还宣布以后所有涉及大额预算的项目都需要先进行小流量实验。验证结果后再追加预算。以防由于项目本身存在问题而造成预算浪费。

> **小贴士：小流量实验**
> 小流量实验是互联网产品领域的一项重要创新，它涉及以下几个阶段：将一部分用户引入新方案，如果后续没有异常情况，就逐步扩大服务范围，直至覆盖到所有用户。

　　小流量实验不仅有助于完成产品方案的试错，将潜在影响控制在一定范围内，而且即使出现不良影响，也能够使产品快速恢复到原有状态。因此，当需要对产品进行较大变更时，通常会采用小流量实验的方式。

　　对于小流量实验，数据的收集和分析显得尤为关键。如果小流量实验已经开始，但实验者没有提前做好数据收集的准备，那么实验将失去意义。因此，在小流量实验开始之前，实验者需要明确关注的关键指标，如转化率、GMV等。只有这样，在开始实验后，实验者才能够获取实时数据，并迅速评估升级后的产品是否达到预期效果。

　　值得留意的是，小流量实验的核心思想是"试错"。因为人的能力是有限的，不可能完全预测出用户更喜欢的方案。通过为用户提供不同的方案，并观察其行为，可以更好地提升用户的体验。

第**15**章

数据分析实例：
提升用户体验

随着与"商品关联推荐"项目相关功能的逐一上线，悟空所在公司的 GMV 也有所提高。就在公司上下沉浸在一片喜悦中时，如来的心情却因为一份用户调研报告变得很糟糕。

这份由公司的用户调研团队提交的报告明确指出了本公司的酒店预订业务存在各种问题，其中最突出的是用户体验明显落后于竞品。

为此，如来在公司的晨会上大发雷霆，批评了负责用户体验的团队负责人，要求其尽快提升用户体验。该团队负责人顿时感到无所适从，于是他在会后第一时间找到唐僧，希望能得到数据分析团队的帮助，尽快把问题解决。他之所以这么做，主要基于以下考量：他实在想不到在短时间内提升用户体验的办法，需要其他团队的帮助。但至于唐僧是否能借助数据分析帮助他解决问题，其实他也没有十足把握。

当他找到唐僧后，唐僧却毫不犹豫地答应了，并且派悟空全力投入该项目。实际上，唐僧早就有了一个全盘计划。

唐僧知道，在酒店预订业务中，客户服务是影响用户体验的关键因素。用户在预订酒店时可能会遇到各种问题，如预订失败、房间描述不符、退款难等，这些都直接影响用户体验。如果能通过优化用户服务解决这些问题，用户体验就能得到明显提升。而这些问题的情况可以通过分析核心数据来知晓。

优化用户服务不仅要从预防问题入手，还要提升响应速度。

所以，唐僧让悟空从分析用户反馈、服务工单、订单取消和退款等核心数据开始，同时就如何预防问题和提升响应速度进行思考，为平台设计一套以数据为驱动的用户服务优化方案。

15.1 用户体验的核心数据

要了解酒店预订业务的用户体验，首先需要掌握用户体验的核心数据。这些数据主要包括如下几种。

（1）用户反馈数据。该数据是指用户在预订酒店后或入住酒店后的评价。通过分析该数据，可以找到用户服务中的痛点。例如，用户可能会抱怨房间实际情况与描述不符，或者预订时系统卡顿或出现错误。

（2）服务工单数据。该数据记录了用户遇到的问题及其解决过程。通过分析该数据，可以了解客服的响应时间、解决效率和常见问题。

（3）订单取消和退款数据。酒店预订业务中常见的问题是用户取消订单或要求退款。通过分析该数据，可以找出用户取消订单或退款的原因，并提出改进措施。

悟空通过分析过去一年内的用户反馈、服务工单、订单取消和退款数据，发现很多用户对房间实际情况与描述不符、预订失败、客服响应慢等问题感到不满，这些都严重地影响了用户体验，如表 15.1.1 所示。

表 15.1.1

数据来源	用户体验问题	占比（%）	补充说明
用户反馈	房间与描述不符	65	用户反映房间实际情况与描述不符
	预订失败	25	
	其他	10	其他结果汇总
服务工单	房间实际情况与描述不符	50	
	客服响应慢	45	
	其他	5	其他结果汇总
订单取消和退款	房间实际情况与描述不符	40	
	改变行程	30	
	其他	30	其他结果汇总

15.2　预防问题

悟空通过分析过去一年内客户体验的核心数据后，锁定了影响客户体验的关键问题，并提出了预防这些问题发生的方案。

1．房间实际情况与描述不符

悟空发现，许多用户取消订单或退款的原因是其在预订酒店时未充分了解酒店房间的真实情况。通过对这些用户的调查，悟空了解到，酒店房间实际情况与平台展示的图片和描述存在差异。为此，他提出了以下改进措施。

（1）优化房间描述。针对高退订率的酒店，平台应更新房间的照片、设施介绍，确保用户能够看到真实的酒店房间信息，减少因情况不符而导致用户取消订单或退款。

（2）优化取消政策。根据不同用户的预订历史和行为数据，平台应为用户提供个性化的取消政策。例如，对于高忠诚度用户，可提供更灵活的取消条款，让用户申请后即可快速取消订单。

（3）增加处罚条款。针对高退订率的酒店，重新签订合作条款，如果用户取消原因中"房间实际情况与描述不符"的比率未能在一个季度内降低，那么平台应降低该酒店的推荐频率，让酒店的浏览量逐步减少。

2．预订时系统卡顿或出现错误

悟空面对预订时系统卡顿或出现错误问题犯了难，因为他并不是技术人员，无法针对该问题提出改进方案，于是他询问唐僧如何才能解决问题并制定相关指标。

唐僧了解问题后，并没有试图自己解决，而是找到了公司技术部门的负责人，要求技术部门想办法解决该问题，并由技术部门制定相关指标，来向大家证明这个问题已经被解决。最后，唐僧还强调，这是如来非常关心的项目。

技术部门的负责人知晓后，立刻组织部门的技术骨干沟通解决方案，最终他们给出的解决方案分为如下几个部分。

（1）定期进行压力测试。部分用户之所以预订失败，是因为高峰期大量用户同时访问网站。对此可以定期进行压力测试，以确保在高峰期系统仍能稳定地处理大量并发请求。

（2）建立备份系统与应急预案。在某些情况下，公司的服务器可能存在停电、系统异常等问题，技术部门打算建立完善的备份系统，确保在主系统出现故障时，快速切换到备用服务器系统，以减轻对用户体验的影响。

（2）提供具体的错误信息和解决方案。在用户遇到问题时，系统应提供具体的错误信息和解决方案，让用户能快速找到解决办法。

小贴士：遇到无法独自解决的事情，需要学会撬动资源

在职场中，我们经常会遇到一些单凭个人力量难以解决的难题，就像悟空无法解决系统经常卡顿或出现错误的问题。这时，懂得撬动资源，充分利用身边的力量，往往能更高效地解决问题。

撬动资源的一个关键点是能够识别资源。不同的人掌握的资源不同，应该负责的模块也不同，例如，技术部门的负责人可以调动相关的技术人员解决问题，唐僧在第一时间内就找到了技术部门的负责人，而不是具体的哪一位技术人员。这是因为唐僧知道一旦撬动了技术部门的负责人，就等于获取了整个部门的支持，从而获得四两拨千斤的效果。

撬动资源的另一个关键点是必须有适当的撬动理由，在工作的时候大家各司其职，通常不会有大量的时间来帮助我们，但如果我们要做的事情对于公司很重要，就可以名正言顺地要求其他同事参与进来。

当其他同事参与进来后，我们需要考虑对其交付物提出要求，要求越明确越能让整个团队将目标对齐。当同事完成任务后，我们也不要吝啬于在项目总结或平时对其进行肯定和表扬，良好的回报能促进合作关系的再次达成。

15.3　提升客服响应速度

在做好预防问题的工作后，悟空将精力投入提升客服响应速度上。悟空发现酒店预订是一个很复杂、很容易出现问题的业务，完全不出现问题是不可能的，而酒店服务又是一个时效性要求很强的行为，用户往往在入住酒店后才发现各种各样的问题，迫切需要平台快速地将问题解决。

综合以上因素，悟空判断如果能大幅提升客服响应速度，就能显著提升用户体验。

但这可不是一件简单的事情，客服的专业性、客服工具等都会对客服响应速度产生影响。所以，悟空必须分几个模块，将问题挨个解决。

1. 优化客服工具

由于客服工具并不是用户直接使用的，运营和产品经理平时也不会经常接触，因此客服工具的使用往往容易存在问题，而且不易被发现。

悟空发现客服处理退款订单耗时较长，且客服在处理这些问题时的用户满意度评分普遍较低。悟空进一步挖掘找出了原因：退款流程复杂，导致客服工作效率低下。对于客户的一笔退款订单，客服需要从用户那里获取订单号后，再进行查询，然后将查询结果与用户核实，最后核实无误后才能帮助用户申请退款。客服处理一笔退款订单至少需要 10 分钟。

更糟糕的是，平台的订单号非常长，其中还夹杂数字和字母，用户复述起来非常困难，导致客服经常使用一个错误的订单号进行查询，当发现该订单并不存在时，只能再次找用户核实，这让用户很不满意。

为了解决这个问题，悟空决定将客服工具与通信系统打通，使用户通过手机号拨打平台客服电话时，系统自动弹出用户的订单信息，客服也能快速地对订单进行核实与操作。

结果，随着系统被打通后，客服响应速度大大提升，且用户联系客服的等待时间也缩短了（之前在高峰期，用户经常因等待时间过长而最终选择不与客服联系直接放弃平台）。

悟空将这个发现进行了梳理和总结，并分享给了负责研究用户增长和流失的运营部门。

> **小贴士：主动跳入被忽略的地带**
>
> 在互联网业务中，并不是每个模块都有明确的负责人，这导致公司里存在重要却被产品和技术部门忽略的地带，其所用的工具并未能完全满足业务需求，导致用户体验下降。技术部门有时过于关注自己负责的主要指标，而忽视了业务需求和用户体验。
>
> 而这恰恰是产品优化的机会，只要能正确地推算收益，并联合相关模块的人员一起汇报，就很容易获取技术资源的支持，并将业务需求明确地传达给技术部门，最终解决问题，获得某些方面明显的提升。

2. 客服培训

在客服工具优化完成后，悟空为了让客服更快地熟悉新的工具，组织了一场培训。但是他发现有些客服在听课的时候并不认真，他们似乎并不愿意学习新的知识。悟空在课后向客服经理反馈了该问题，并得知这些客服的工作效率也不高。

经过与客服经理的沟通，悟空发现，用户服务的优化不仅依赖于技术，还需要通过对客服团队的管理来提升服务质量。为此，悟空与客服经理通过分析客服的平均响应时间、工单解决率和用户满意度评分，为平台建立了一套基于数据的客服绩效评估系统，如表 15.3.1 所示。

平台通过该系统定期评估客服的工作表现，识别高效客服并给予激励，同时为低效客服制订个性化的培训计划，以提升他们的服务水平。

表 15.3.1

姓名	平均响应时间（分）	工单解决率（%）	用户满意度评分（1~5分）	备 注
张三	2	95	4.8	优秀，响应迅速，解决问题及时
李四	5	90	4.5	满意，工单解决率高，但响应速度稍慢
王五	3	88	4.2	需加快解决问题的速度
赵六	4	85	4.0	较好，存在部分未解决的问题
孙七	6	80	3.5	需改进，用户满意度评分较低
周八	3	92	4.6	好，处理流程较流畅
冯九	4	87	4.1	满意，需加强快速响应能力

小贴士：积极打破边界，但要注意方式

在职场中，许多问题的解决往往超出了一个部门或个人的职责范围。正如悟空虽然不直接负责客服的培训与考核，但为了提升客服响应速度，他主动与客服经理沟通，制定有效的策略。这种打破边界的做法在现代企业中尤为重要。它不仅体现了跨部门协作的必要性，还展示了个人在面对复杂问题时突破职责限制以推动项目成功的重要性。

打破边界的核心在于主动。现代企业的运作往往是高度协作的，不同部门各司其职，但很多问题都无法单靠一个部门或个人解决。懂得打破固有的部门边界，主动跨部门沟通与协作，能够使企业处于更高效的运作模式下。悟空本可以把提升客服响应速度归为客服经理的职责，自己专注于数据分析，但为了让整个项目能够取得最终的成功，他打破边界，主动与客服经理一起建立了客服绩效评估系统，解决了客户服务中的核心问题。这种主动沟通与协作不仅使问题得到了有效解决，还展示了打破部门界限，以推动业务全面优化的重要性。

在打破边界的过程中，尤为需要注意方式和方法。虽然跨部门协作是推动项目成功的关键，但如果方式不当，就可能会导致双方沟通不畅，甚至引发冲突。因此，在打破边界进行跨部门沟通时，我们要明确彼此的责任范围，尊重对方的工作职责，最好能寻求共赢的合作方式，确保双方都能从中获益。

总之，打破边界不仅是跨部门的一种合作方式，还是一种思维方式。通过积极打破边界，突破工作职责的限制，寻求与其他部门的合作，可以让个人和企业获得更多的资源支持，从而更好地解决复杂的问题，最终推动项目的成功。

3. 用户问题分层

悟空进行了一系列的优化动作之后，客服的服务质量得到了明显的提升。悟空也与客服经理建立了紧密的合作关系，他松了一口气，觉得这个项目似乎可以结束了。

但还没过一个星期，客服经理主动找到了悟空，他表示最近正处长假期间，大量用户在平台上预订酒店，这使得客服需处理的咨询量瞬间增多，虽然客服工具经过了优化、客服也进行了培训，但也难以承接如此大量的咨询。客服经理想多招聘几名客服人员，但又担心长假过后新增的客服无事可做，因此想找悟空商量，看看是否能有解决办法。

悟空了解问题后沉思片刻，想起了唐僧曾教他的"做拆分"，觉得可以按照这个数据分析思路用不同的方式回复不同的咨询问题。

例如，如果用户询问的是订单信息，系统就可以自动展现用户最近的订单信息。如果用户询问的是酒店地址，系统就可以将酒店地址文本和地图定位一并发给用户。如果用户遇到了无法入住或需要投诉等复杂问题，客服就可以介入。

依据这个思路，悟空在与用户对话的界面中，将常见的几个问题展现出来，让用户选择。这样做可以让用户在询问客服的第一时间就能得到回复，更重要的是对于大量简单且答案确定的问题，系统可以直接回复，除非用户依然觉得有问题，客服才会介入。

这样处理后，果然大量简单且答案确定的问题被系统自动回复，不再需要客服介入，极大地减少了客服的工作量，结果如表 15.3.2 所示。

表 15.3.2

问题类型	询问数量（个）	自动解决数量（个）	自动解决比例（%）	客服介入数量（个）	客服介入比例（%）	备　注
订单信息查询	500	450	90	50	10	系统自动回复，展示最近订单信息
酒店地址查询	300	290	97	10	3	系统自动回复，提供酒店地址文本和地图定位
入住时间变更	200	50	25	150	75	复杂问题，需客服接入
投诉与反馈	150	10	7	140	93	复杂问题，需客服介入
取消订单请求	120	30	25	90	75	自动化流程不够完善，需客服介入
其他常见问题	100	80	80	20	20	系统自动回复常见设施信息
退款申请	100	15	15	85	85	复杂问题，客服介入比例高
特殊需求	80	20	25	60	75	需客服确认，特殊安排
服务质量投诉	70	5	7	65	93	需客服详细记录并处理
押金问题	60	10	17	50	83	复杂问题，需客服介入

第 16 章

请做好准备：
数据时代已经来临

我们在本书的第 7~15 章中，深入探讨了数据分析如何助力企业解决实际问题，数据分析已经成为一种基本的能力。当今的世界早已进入数据驱动的时代。在这个信息大爆炸的世界中，无论是初创企业还是行业巨头，无论是互联网企业还是工业巨头，都逐渐认识到数据分析对于业务成功的价值。

16.1 数据分析驱动行动：从思维到实践

作为企业的管理者或数据分析师，仅仅理解数据分析的概念和工具远远不够。在阅读完本书后，我们面临的挑战在于，如何将这些思维层面的东西转化为具体的行动，并在行动中不断调整和迭代，最终实现业务目标。

要将从本书中学到的概念和工具应用到平时的工作与实践中，不妨从以下几点着手。

1．数据分析驱动快速决策

在互联网业务的竞争中，速度和敏捷性至关重要。通过数据驱动决策，企业可以快速调整产品和服务策略，保持市场竞争力。例如，在酒店预订业务中，悟空通过分析用户反馈数据和服务工单数据，发现了房间实际情况与描述不符等问题，并迅速采取行动，更新酒店信息。敏捷的决策和产品快速的迭代，使悟空所在的公司在市场中抢占了先机。

想要获得类似的效果，我们需要定期分析和更新关键数据指标，确保数据的时效性。同时，我们也需要建立快速反馈和调整机制，以及时响应市场和用户的需求变化。

2．数据分析文化的建立与推广

数据分析的成效依赖于整个团队对数据的重视程度和协作能力。企业必须在内部推广数据分析文化，从管理层到员工，都应该理解数据分析的价值，并能够应用数据进行决策。悟空与唐僧负责的项目之所以取得成功，是因为其所在的团队能够紧密合作，数据分析不仅限于技术部门内部员工之间的配合，还涉及客服、运营、市场等多个团队的配合。各个团队之间只有通力协作，一起解决问题，企业才能发展得越来越好。

在这期间，负责数据分析的员工不仅需要承担好本职工作，还需要想办法推广数据分析文化，确保每个员工都能理解数据分析。可以通过定期沟通和分享，让每个员工掌握数据分析工具和方法，确保数据分析在各个部门得以有效理解和实施。

3．从数据中挖掘新的业务机会

通过数据分析，企业不仅能优化现有流程，还能发现新的业务机会。在竞争激烈的市场中，创新往往来自对数据的深度挖掘。通过对用户行为数据的持续监测和分析，企业可以预测市场趋势，甚至发现潜在的商业模式。例如，通过分析用户反馈数据等，悟空找到了提升用户体验的方法，为平台设计了新的个性化服务功能，培养了用户的忠诚度。

为了能不断地推动企业创新，我们要不断探索数据背后的商业价值，从中挖掘出新的业务机会。我们也可以尝试利用机器学习和预测模型，预测未来市场趋势和用户需求，抢占行业先机。

16.2　数据时代的个人成长

在数据时代的浪潮中，个人的成长与企业的成功紧密相连。对数据分析师、产品经理甚至公司管理者来说，具备数据分析能力已经成为基本素养。

作为时代的一分子，个人自然也需要不断学习，掌握新的数据分析工具、方法和技术。更重要的是，要有解决复杂问题的思维能力和执行力。就像本书中的悟空，他通过一次次项目的不断历练，最终成长为能独当一面，解决复杂的用户体验问题的负责人。凭借清晰的数据思维，悟空能够迅速抓住问题的核心，合理分配团队资源，最终找到突破口。

那么我们应该如何在快速变化的时代中提升自己的数据分析能力呢？不妨注意以下几点。

1．抓住每次实践的机会

理论学习固然重要，但真正让我们进步的是实践。每一次项目中的数据分析实践都是我们成长的宝贵财富。因此，不要害怕实践，主动参与公司的数据分析项目，磨炼技能，积累经验。

我们也可以寻求行业中的导师或专业人士的帮助，强化数据分析思维和提升数据分析能力。

2．明确目标，不要为了分析而分析

数据分析的首要任务是明确目标。数据本身没有意义，只有在与我们的业务目标结合后，才能转化为有价值的资产。进行数据分析之前，我们需要思考一下：当前面临的最迫切的问题是什么？是用户流失、用户转化率低，还是供应链效率低下？只有明确目标，我们才能通过数据分析找到解决方案。

3．从小处着手，逐步优化

数据分析的成功往往不是来自一次性的大规模变革，而是通过持续的小规模试验来逐步改善的。例如，我们可以从小流量实验开始，测试不同的用户体验方案，实时跟踪数据，优化产品设计。这种渐进式的优化方式不仅可以使我们规避大规模失败的风险，还能让我们通过快速试错积累宝贵的经验。

4．拥抱不确定性与试错

数据分析的本质是"试错"，因为没有人可以预见未来。正如在小流量实验中，通过不同的方案测试和用户行为观察，我们可以找到最优解。而这个结果不是一蹴而就的。数据分析要求我们具备探索精神，接受试错过程，并从中提取有价值的信息。

5．保持学习的心态，拥抱变化

技术的进步让数据分析领域充满了不确定性。新工具、新算法、新的商业模式层

出不穷，因此保持学习的心态至关重要。这需要我们能够定期关注数据分析领域的最新趋势，学习新技术。

此外，我们还需要抓住一切机会与同行进行交流，了解行业的最新动态，保持自己的竞争力。

6. 设法建立自己的数据分析品牌

随着数据分析在各个行业的深入应用，具备良好分析能力的个人将越来越受到重视，建立自己的数据分析品牌也变得很有必要。我们可以通过积极分享自己的经验和洞见，成为行业中的意见领袖；也可以利用平时工作的汇报场合，分享自己的分析案例和经验，建立个人影响力；还可以在每一次沟通时向同事输出自己的观点，在交流中逐步让同事了解和认可自己。

16.3 一切才刚刚开始

未来的数据世界充满了未知和无限的可能性。无论是企业还是个人，数据分析的道路都才刚刚开始。数据分析不仅是一种技术，还是一种思维方式。它帮助我们发现问题、提出假设、验证想法，并最终实现目标。在这个过程中，我们不仅是在激发数据的力量，还是在解锁商业的未来。

虽然我们已经拥有了基础的知识和工具，但更重要的是，在这个动态变化的世界里，要有足够的勇气和毅力去不断挑战、不断学习。我们无法预测未来的每一个变化，但可以确定的是，数据将是未来商业成功的基石。

带上智慧和勇气，去拥抱这个全新的时代吧！一切才刚刚开始。